새로운 뇌 사용법

나를 치유하는 뇌

새로운 뇌 사용법

나를 치유하는 뇌

크리스토프 앙드레 외 지음
하정희 옮김

북스힐

차례

생활방식의 변화

서문

신경이 끝나는 곳에

미셸 르 방 키앙 & 크리스토프 앙드레

정신이 신경세포의 활동에서 유래한다는 사실은 과학적으로 입증됐다. 그러나 몸과 정신의 관계는 완전히 밝혀지지 않았다. 하지만 우리의 생각과 감정이 뇌와 몸을 변화시킨다는 것은 분명한 사실이다.

몸과 정신은 연결돼 있을까? 이것은 인류가 시작된 이후 내내 사람들을 매료시켜온 주제다. 고대 현자들은 우리의 믿음과 생각, 감정이 행복에 직접 영향을 끼치며 종종 병의 치유를 앞당긴다는 사실에 주목했다. 그들에 이어 인도·중국·그리스 문명 같은 고대 문명에서는 생각과 감정, 몸의 기능들이 서로 긴밀하게 연결돼 있다는 전제하에 극도로 복잡한 치료법들을 발명했다.

뇌 혼자 모든 일을 하지는 않는다

오늘날에는 몸과 뇌의 작동 원리들이 점점 더 자세히 밝혀지고 있다. 과학자들은 날로 발전하고 있는 해부·영상·측정 도구들을 사용해 우리의 생각과 행동, 의식이 (심장이 아니라) 뇌에서 기원한다는 사실을 마침내 입증했다. 특별한 연결망에 의해 대단히 긴밀하게 조직된 1,000억 개의 신경세포와 이보다 훨씬 많은 비非신경세포들로 이루어진 뇌는 우리를 매우 독특한 존재로 만들었다! 뇌는 분명 자연에 존재할 수 있는 가장 복잡하고 섬세하며 놀라운 것이다.

그러나 신경세포가 모든 일을 하지는 않는다. 생물적 작동 원리들은 비교적 잘 밝혀졌지만 몸과 정신의 관계는 아직까지 과학적으로 명확하게 설명되지 않았다. 왜 그럴까? 이유는 단순하다. 정신, 즉 '우리 머릿속'에서 일어나는 정신생활 또는 심리생활이라는 것은 기본적으로 주관적 현상이기 때문이다. 포도주 맛을 음미한다거나 사랑을 하고 명상을 하는 것 같은 경험들 말이다. 이런 순간들은 각 개인이 고유하게 경험하는 것이며, 어떻게 보면 그 사람 '내부'의 주관적 관점에서만 진정으로 인식할 수 있다.

아무리 최첨단 기술을 갖췄다고 해도 과학자들은 이 현상들을 '외부'에서만 관찰할 뿐이지 사실 이것들의 본질을 탐구하지는 못한다. 칠레의 신경생물학자이자 철학자로 프랑스 국립과학연구소CNRS 연구원장을 역임했던 프란시스코 바렐라Francisco Varela 같은 연구자들의 말대로, 우리는 이런 이유에서 뇌를 언제나 두 가지 형태로만 접하게 된다. 하나는 외부에서 뇌를 보고 알아내는 것(제3자의 뇌, 즉 과학도구들을 이용해 관찰하는 대상)이고, 다른 하나는 우리 자신의 정신적 경험(1인칭으로서 경험하는 의식, 즉 주관적 사실)이다. 그래서 정신에 대한 인간적 경험과 생물적 뇌에 대한 과학적 설명 사이에는 점점 큰 괴리가 생기게 되었다.

더 심각한 사실은, 현대 과학의 놀라운 발전이 몸과 정신의 관계를 점점 더 멀어지게 만들었다는 것이다. 의학은 인간의 장기에만 초점을 맞췄고, 정신을 비롯한 인간의 다른 부분들과 분리된 단위로서 이것들을 다뤘기 때문이다. 이렇게 해서 과학 연구는 극단적으로 전문화된 무수한 하위 영역들로 점점 세분화되었다. 그 결과, 오늘날 정신이 몸의 건강에 영향을 끼친다는 가설은 순진하거나 시대에 뒤떨어진 생각처럼 보인다. 설상가상으로 어떤 사람들은 이 가설을 다짜고짜 사기로 치부해버린다!

생각이 몸을 바꾼다

그러나 시대는 변하며, 특히 과학 분야는 변화가 빠르다. 최근 연구자들은 오랫동안 눈으로 직접 볼 수 없었고, 따라서 접근할 수도 없었던 명상 같은 내부적 경험을 뇌 영상법을 이용해 영상으로

찍을 수 있다. 그래서 이제는 정신의 훈련이 고통, 스트레스, 간질, 우울증 같은 다양한 장애에 효과 있다는 것을 보여줄 증거가 있다. 데카르트에서부터 내려왔다고도 평가되는 과학적 관례를 거부하면서, 과학은 고대 현자들이 예견했던 강력한 진실, 다시 말해 어떤 정신 행위들은 몸에 실질적으로 영향을 준다는 사실을 조금씩 재발견하고 있다. 더 좋은 소식은, 이 정신 행위들이 뇌의 내밀한 구조와 기능을 변화시킨다는 것이다.

이 확실한 사실에 힘입어, 많은 경우 아주 오래전에 만들어졌고 오랫동안 무시돼왔던 여러 심리 요법이 현대 의료계에 점차 다시 나타나고 있다. 보완 의학* 또는 '몸-정신' 의학으로 분류되는 명상, 자기 암시, 최면, 뉴로피드백, 음악 치료 같은 기법들에 쏠리는 관심은 놀라울 정도다.

이것을 어떻게 해석해야 할까? 우선 환자들의 의견이 한결같다. 무엇보다 약을 덜 먹게 되어 부작용을 피할 수 있다는 것이다. 그런데 더 본질적으로 들어가면 또 한 가지 이유가 있다. 이 요법들은 하나같이 다른 치료 방식을 제안한다는 것이다. 이것들은 환자가 직접 참여해 적극적으로 자기 건강을 돌보게 하며, 자기 안에서 새로운

---

* 제도권 의학을 대신한다는 의미에서 만들어진 말로, 대체 의학 또는 제3의학이라고도 한다. 서양 의학이 발전하면서 생겨난 부작용이나 한계를 극복하고 환자들에 대한 의료 시술을 개선하며 치료 효과를 높이기 위해 새롭게 개발되는 진단 및 치료 방법에 관한 학문이다 — 옮긴이.

가능성을 발견해 자발적으로 탐구하고 발전시키도록 장려한다.

이 책은 여러분에게 이 정신 행위들을 개괄적으로 설명하고 이것들의 적용 범위와 과학적으로 입증된 효과들을 소개한다. 재발견된 이 치료 방식들은 환자와 연구자 그리고 의사들에게 새로운 가능성을 열어준다. 현재 많은 연구가 진행되고 있는 만큼 질문도 끊이지 않는다. 몸-정신 기법들이 동원하는 특별한 생리적 과정은 무엇일까? 이 기법들이 뇌와 몸에 미치는 효력은 어떻게 측정해야 할까? 이것들은 어디까지 치료 효과를 미칠 수 있을까?

정신이 존재하는 곳

이 새로운 연구들은 정신의 존재를 부정하지 않고 오히려 정신에 구체적인 형태를 부여하며, 과학에서 주관적 경험의 중요성을 숙고하게 만드는 어떤 실재를 어렴풋이 보여준다. 그런데 이 정신-신체적 현상들을 이해하기 위해서는, 정신과 뇌가 동일하지 않다는 사실을 인정해야 한다. 이 말은 정신이 뇌의 산물이라는 생각을 의심한다는 뜻이 아니다. 신경 과정neural process*에서 나타나는 정신 현상들이, 신경 과정을 만들어내는 신체적 과정에 영향을 줄 수 있다는

* 신경세포가 정보를 처리하고 전달하는 과정 — 옮긴이.

뜻이다. 이것은 노벨 생리의학상 수상자 로저 스페리Roger Sperry의 주장이기도 하다.

따라서 분명한 사실은, 오늘날 과학이 전환기를 맞았으며, 이 기법들에 대한 현재의 관심은 발전과 쇄신을 위한 엄청난 기회라는 것이다. 과학자들은 주관적 관점을 오랫동안 거부해왔지만 이제부터는 변화를 만들어내는 정신의 힘과 인간의 경험을 통합할 수 있을지도 모른다.

몸-정신 관계의 원리

몸과 정신은 분리될 수 없다고? 뇌가 사고와 감정의 중추라는 것은 과학적으로 입증됐다. 그러나 정신이 몸에 영향을 미쳐 몸의 기능과 건강을 개선할 수 있다는 것도 사실이다.

01 감정의 영향을 받는 건강

나탈리 라포포르위브슈망

스트레스를 받으면 병에 걸리고 심장에 많은 문제가 생긴다. 반대로 행복하면 생리적 요인들이 좋아진다. 왜 그럴까? 여기에는 몸-정신 의학의 원리가 작동하고 있다.

직장에서 중요한 일을 맡아 장기간 스트레스를 받다 마침내 일을 마무리하고 나면 후련하면서도 한편으로 피곤하다. 그래서 일주일간 휴가를 떠난다……. 그런데 안타깝게도 첫날 독감에 걸려 휴가 기간 내내 앓았다! 다시 출근해, 같은 일정으로 휴가를 떠났던 동료와 지난 일주일에 대해 이야기를 나눴다. 여러분과 달리 동료는 아주 건강해져서 돌아왔다. 똑같이 스트레스를 받았고 똑같이 휴가를 떠났는데도 동료는 아프지 않았다……. 게다가 여러분은 휴가 때마다 병이 난다. 스트레스는 건강과 병에 대한 저항력에 영향을 끼칠까?

그렇다. 몸과 정신이 분리될 수 없다는 것은 부인할 수 없는 사실이다. 마음, 정신, 생각, 감정을 무시한 채 신체적 건강을 생각할 수는 없다. 의학과 과학이 시작된 이후 정신과 몸의 관계에 대한 물음이 계속 제기되었지만, 몸-정신 의학의 작동 원리는 최근에 와서야 밝혀지기 시작했다. 수십 년 전부터 이 문제와 관련해 많은 연구가 이뤄지고 있다.

주범은 스트레스

스트레스는 몸-정신 관계의 핵심적 작동 원리다. 이 용어는 스트레스를 일으키는 사건(이를테면 작업 마감일)과 그 사건에서 비롯되는 반응(어쩔 줄 모름)을 동시에 가리킨다. 스트레스 반응은 우리가 환경에 구속될 때 인체가 보이는 자연적 대응이다. 어떤 상황이 우리의 능력을 넘어서는 것 같을 때 그것은 스트레스의 원인으로 인식된다. 따라서 그 상황을 스트레스라고 느끼는지 아닌지, 즉 마감일을 괴로워하는지 아닌지 결정하는 것은 바로 우리의 상황 인식이다. 우리가 동일한 제약에 대해 다른 사람과 다르게 반응하거나, 동일한 상황인데 몸이 피곤하다면 스트레스를 더 많이 받는 이유는 이 때문이다.

정신과 몸의 고갈

뇌는 스트레스 대처 과정의 사령탑이다. 편도체(뇌 중심부에 위치하며 감정을 관리하는 변연계에 속한 부위)는 위협으로 인식되는 자극을 만나면 위험 신호를 감지하고 활성화되어 생리적 대응들을 연쇄적으로 내놓는다(발한, 심장 박동 증가 등. 글상자 '뇌는 스트레스에 어떻게 반응할까?' 참고).

이런 반응이 일어나면 위협에 대처하기 위해 인체가 동원된다. 이런 자동적 대응은 우리 선조들이 포식 동물 같은 위험 요소로부터 살아남을 수 있도록 해주었다('투쟁 도피' 반응). 스트레스에 대한 생리적 반응은 근육에 혈액을 유입하고 인체에 빠르게 에너지를 동원하도록 해, 단시간에 아주 효과적으로 싸우거나 도망칠 수 있게 한다. 하지만 사실 이것은 굶주린 호랑이를 만날 일이 거의 없는 현대인의 스트레스 상황에 적절하지 않다. 스트레스 반응은 투쟁과 도피 외에도 아드레날린과 코르티솔(스트레스 호르몬들)을 분비하고 염증 체제를 활성화하는 등 물질대사에 대단히 큰 영향을 미쳐 인체의 작동 원리들을 교란한다.

스트레스 반응은 인체에 유용할 때가 많다. 예를 들면 달려오는 차에서 몸을 빨리 피할 수 있게 해준다. 또 출혈이 생기면 염증 체제가 작동해 상처로 혈구가 유입되고 그 덕분에 상처가 아물게 된다.

그와 반대로 일에 '쫓길 때'처럼 스트레스 반응이 지나치게 빈번

뇌는 스트레스에 어떻게 반응할까

뇌가 위협적이지 않은 상황에 반응할 때는, 가장 '최근'에 진화했고 가장 표면에 자리한 부위인 대뇌피질이 활성화된다. 대뇌피질은 이성적 사고방식을 담당한다. 이 부위는 감정 중추(대뇌변연계)를 통제하며 감정적·생리적 반응을 억제한다. 우리는 주의를 집중하면서 그 상황에 적절하게 반응한다. 하지만 위협적인 상황이 벌어지면 정반대 반응이 일어난다. 즉 편도체가 활성화되면서 감정 중추(a)와 시상하부(b)를 자극하고, 그 결과 시상하부 뇌하수체 부신축이 활성화되어 몸속에 생리적 변화가 연쇄적으로 일어난다. 우리는 스트레스를 받는 것이다.

제일 먼저 시상하부는 교감신경계를 따라, 신장 바로 위쪽에 위치한 부신샘의 중심부인 부신수질로 신호를 보낸다. 부신수질은 스트레스 호르몬(아드레날린과 노르아드레날린)을 분비해 몸이 재빨리 투쟁 도피 반응을 취할 수 있게 준비시킨다.

싸울 것인가, 피할 것인가?

이렇게 해서 에너지 저장 물질들이 동원된다. 혈압과 심장박동 수가 증가해 근육에 양분을 공급하고, 호흡이 증가해 뇌에 더 많은 산소를 보낸다. 천연 진통제도 몸을 보호하기 위해 분비된다. 또한 상처를 입을 경우 혈액 손실을 줄이기 위해 혈소판이 생성된다. 염증 현상과 면역 반응도 몸을 보호하기 위해 작동된다. 그다음에 시상하부는 부신피질 자극 호르몬 방출 호르몬(CRH)을 만들어내는데, 이 호르몬은 혈액 속에 부신피질 자극 호르몬(ACTH)의 분비를 촉발한다. 부신피질 자극 호르몬은 부신피질(부신샘의 주변부)까지 이동해 이곳에서 가장 중요한 스트레스 호르몬인 코르티솔의 분비를 촉발한다.

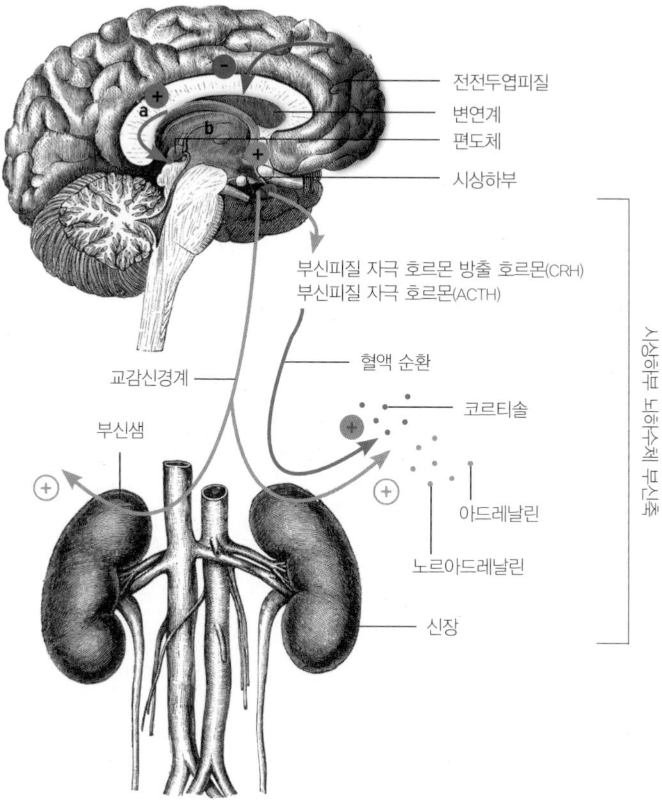

코르티솔은 아드레날린과 노르아드레날린의 작용을 자극하면서 인체가 정상으로 회복할 수 있도록 준비시킨다. 특히 코르티솔은 에너지의 비축분을 복원하기 위해 양분이 지방과 글리코겐으로 변환되는 것을 돕는다.

그러나 현대 사회에서는 맹수와 만나서 싸우거나 도망칠 일이 거의 없는데도 우리는 그 상황에 적절하게 대처하지 못하고 오랫동안 스트레스를 받는다. 코르티솔과 아드레날린이 세포가 독성 분자들을 만들게 해서 우리 몸은 '정상적인' 평형 상태를 회복하지 못해 지쳐버린다.

하고 만성적이면 해롭다. 이런 경우에는 인체가 평형 상태를 회복할 시간과 기회가 없다. 물질대사 능력이 뒤처지고 신체 체계가 과열되는 것이다. 또 스트레스 호르몬이 계속해서 분비되고 세포들은 산소를 더 많이 소모한다. 이 과도한 산소 소모는 인체를 해치는 독성 물질을 만들어낸다. 이렇게 되면 신체가 장기적으로 고갈돼 질병이 발현하기 유리한 상황이 조성되며 우울, 독감 같은 바이러스 질환, 심혈관 이상 등이 나타날 수 있다.

가장 잘 연구된 분야라 할 수 있는 심혈관 질환의 경우에는 감정(스트레스의 시발점)과 질병을 잇는 작동 원리가 많고 복잡하다. 하버드 보건대학원의 로라 쿠브잔스키Laura Kubzansky는 여러 원리를 열거하는데, 예를 들면 이런 것들이다. 우선, 우리의 감정은 심장 박동 등을 책임지는 자율신경계를 제어하는 여러 뇌 영역을 활성화시킨다. 스트레스 호르몬 분비를 통제하는 교감신경계와 시상하부 뇌하수체 부신축도 우리의 기분에 따라 활성화된다. 또 뇌는 동맥 폐색을 초래할 수 있는 혈소판 응집과 혈전증 현상도 조절한다. 불안하거나 스트레스를 받으면 이 과정들이 작동해, 이를테면 심장 박동이 빨라지고 스트레스 호르몬이 분비되며 혈소판이 응집하고 혈관이 수축하는 것이다.

하지만 이것으로 끝이 아니다. 직접적이고 생물적인 이 작동 원리들과 병행해, 우리의 행동에 의해 좌우되는 요소들도 심혈관 질환을 악화시킨다. 음식, 담배, 운동, 대응 방식(우리의 행복을 위협하는 사건의 파장을 견디고 제어하고 줄이는 방식), 사회적 지지가 바로 그런 요소다. 스트레스를 받아 불안하고 우울할 때 우리는 많이 먹고 담배를 끊기가 더 어려워지며 운동을 덜 한다. 이런 위험 요소들은 다시 우리의 감정에 영향을 준다…….

감정이 무엇인지부터 정확히 규명해보자. 이것은 생리적 욕구를 반사적으로 평가하면서 시작되는 감정 상태다. 그리고 상황에 대한 행동·생리·인식의 조정에 관여하며, 주어진 맥락에서 효과적이고 적절하게 행동하도록 인체를 준비시킨다. 간단히 정리하면 감정은 부정적/불쾌한 감정과 긍정적/유쾌한 감정으로 나뉜다.

슬픔과 화 같은 부정적 감정의 영향에 관해서는 많은 연구가 이뤄졌다. 이 감정들은 심혈관 질환, 당뇨병, 천식, 여러 유형의 암 등 다양한 질환과 관련 있다. 만성 통증에도 종종 이런 감정들이 나타난다.

실제로 화는 생리적 차원에서 해롭다는 것이 입증됐다. 이것은 심근경색과 뇌졸중에 걸릴 확률을 높인다. 최근 호주의 한 연구에 따르면, 격렬한 화는 심근경색의 발병을 8배까지 증가시킨다.

적대감, 화, 사회적 지지 부재와 같은 변수들은 심혈관 질환의 발현에 관여하며, 이미 질환이 있는 경우에는 그 전개와 예후에도 관여한다. 환자의 뇌세포 표본을 뇌 영상을 통해 연구한 최근 결과에 따르면, 불안한 사회적 신호를 접했을 때 편도체의 반응성이 큰 사람들은 동맥 경화증 정도가 더 심하다. 동맥 경화증은 혈관 내벽

이 변형되고 수축되는 것인데, 심해지면 심혈관 질환을 일으킨다.

사회적 유대는 심리사회적 차원 가운데 하나로, 신체 건강과 연관이 있는 것으로 가장 일찍 확인됐다. 1980년대 들어서면서, 미국의 앨러미다 자치주 주민들을 연구한 역학자*들에 의해 인간관계와 수명은 연관성이 있다는 사실이 밝혀졌다. 넓고 풍부한 인맥을 가진 사람들은 건강하고 더 오래 살았다.

우리가 타인과 맺는 관계가 어떻게 '신체 내부'로 들어가는지, 즉 우리의 사교 활동과 신체 생리를 연결하는 작동 원리가 무엇인지에

* 인구 집단을 대상으로 질병의 분포 양상과 그 원인을 연구하는 학자 — 옮긴이.

대한 질문이 이때부터 제기됐다.

그 후 많은 연구를 통해서 양질의 사회적 관계가 완충 역할을 한다는 사실이 밝혀졌다. 다시 말해 타인과 친숙하고 즐거운 관계를 맺고 고립감을 느끼지 않을 때 우리는 일상의 스트레스에 대해 더 적절하게 반응할 수 있다. 논문 81편을 대상으로 이루어진 메타 분석에 따르면, 탄탄한 사회적 유대는 실제로 심혈관, 내분비(호르몬), 면역(인체 보호) 체계에 유익한 효과가 있는 것으로 나타났다. 즉 인간관계는 스트레스의 영향을 억제해 심혈관 반응성, 코르티솔 분비, 염증 과정을 약화시킨다. 결과적으로 감염에 대한 저항력이 높아지고, 노화로 인해 인지 능력이 저하되는 속도도 느려진다. 사람들에게 둘러싸여 있을 때 우리는 신체적으로나 인지적으로 더 건강하게 산다!

행복한 수녀가 더 오래 산다

감정이 건강에 미치는 영향에 관한 연구는 빠르게 발전하고 있다. 오랫동안 과학자들은 쉽게 표현되고 측정하기도 쉬운 부정적 감정에 관심을 가졌다. 하지만 20여 년 전부터 긍정적 감정이 연구의 중심 주제로 떠올랐다. 긍정적 감정이 건강에 미치는 영향에 관한 최초의 본격적인 분석은 수도원에서 이루어졌다. '수녀 연구'는 원래 치매 연구로서 시작됐다. 성년의 수녀들이 수도원에 입회할 때 작성한 글이 자료로 사용됐다. 연구자들은 수십 년 전에 작성된 이 글들을 세심하게 분석했다. 그런데 놀랍게도, 긍정적 감정을 표현하는 용어를 많이 사용한 수녀들이 대체로 10년 넘게 더 오래 살았다는 사실을 확인했다.

기쁨, 활력, 호기심, 감사 같은 감정들과 장수 사이에는 어떤 관계가 있을까? 긍정적 감정이 신체적 건강을 개선한다는 사실은 1990년대 말 이후 많은 연구를 통해 입증됐다. 이를테면 감염에 대한 저항력을 높이고 심장마비와 뇌졸중 발병 확률을 떨어뜨리며 수명을 연장한다.

여기에 관련된 작동 원리는 다음에 소개하는 두 실험이 잘 보여준다. 미국 카네기멜런 대학교의 셸던 코언Sheldon Cohen 연구 팀은 긍정적 감정과 면역 체계의 관계를 밝혀보고자 했다.

이 연구를 위해 실험 참여자들에게 긍정적 감정(행복하다, 만족스럽다, 힘이 솟는다, 느긋하다 등)과 부정적 감정(우울하다, 불안하다, 적대감을 느낀다 등)을 측정하면서 몇 주 동안 심리 상태를 기록하게 했다. 그런 다음 이들을 실험실로 불러, 콧물로 전염되는 가벼운 감기 바이러스에 노출시킨 뒤 실험 참여자들에게서 감기 증상이 진행되는지 지켜봤다.

감염에 대한 저항력

결과는 놀라웠다. 바이러스에 접촉하기 전 며칠 동안 긍정적 감정을 많이 느꼈던 실험 참여자들은 감기에 걸린 확률이 훨씬 낮았다! 반면에 부정적 감정들은 건강에 아무런 영향도 주지 않았다. 따라서 긍정적 감정은 바이러스에 대한 인체의 저항력을 높이는 데 관여한다는 것을 알 수 있다.

두 번째 실험은 미국 노스캐롤라이나 대학교의 바바라 프레드릭슨Barbara Fredrickson의 실험실에서 진행되었다. 연구자들은 실험 참여자들을 먼저 스트레스 상황에 몰아넣었다. 각자 과제를 준비해 여러 심사위원 앞에서 발표해야 한다고 예고한 것이다. 그리고 동시에 이들의 혈압과 심장박동 수를 측정했는데, 이 두 변수가 상당히 증가한 것으로 미루어 스트레스에 대한 생리적 반응이 나타나고 있다는 것을 확인할 수 있었다. 이어서 실험 참여자들은 네 집단으로 나뉘어 미리 준비된 비디오 영상 네 개 가운데 하나를 시청하도록 했다. 각기 기쁨, 만족, 무감정, 슬픔의 감정적 색채를 띠는 것이었다.

프레드릭슨 연구 팀은 각 집단이 시청한 영상에 따라 생리적 평형 상태(정상 혈압과 정상 심박 수)를 회복하는 데 걸리는 시간이 다르다는 사실을 밝혀냈다. 슬픈 영상을 본 사람들은 즐겁거나 평온한 영상을 본 사람들보다 정상 심혈관 상태를 회복하는 속도가 더 느렸다. 무감정 집단의 피실험자들은 두 극단의 중간이었다. 따라서 우리의 감정이 심장의 건강에 직접 영향을 끼친다는 것을 알 수 있다.

가능한 오랫동안 건강을 유지하기 위해서는 기쁨, 웃음, 호기심, 이타심, 공유, 사랑, 우정, 느긋함 같은 긍정적 감정을 많이 느껴야 한다. 그러면 불안할 수 있는 상황이 닥쳐도 스트레스를 잘 통제할 수 있다. 이렇게 할 수 있도록 도와주는 여러 가지 방법이 있는데, 혼자서 할 수 있는 것도 있고 치료사의 도움을 받아야 하는 것도 있다. 이 책을 읽으면서 여러분은 그 방법들을 알게 될 것이다.

명상은 건강을 향상시킨다

명상도 그중 하나다. 명상이 정신 건강과 신체 건강에 미치는 긍정적 효과는 여러 연구를 통해 입증됐으며, 마음챙김 명상은 특히 효과가 뛰어난 것으로 알려져 있다. 하버드 대학교의 허버트 벤슨 Herbert Benson 연구 팀은 유전자 발현*에 국한해서, 명상과 신체 건강 간의 놀라운 연관성을 밝혀냈다. 스트레스로부터 인체를 보호하는 데 관여하는 유전자들이 명상에 의해 활성화된다는 사실을 입증한

* 유전자는 인간의 DNA 속 기능의 단위이며 단백질을 암호화한다. 세포의 기능은 이렇게 암호화된 단백질에 의해 결정된다. 유전자 발현이란 DNA가 최종 생산물인 단백질(혹은 ncRNA)을 생성하는 과정을 뜻한다 — 옮긴이.

것이다(9장 참고).

점점 더 많은 과학자가 세포 깊은 곳에서 행복의 자취를 찾고 있다. 프레드릭슨 연구 팀은 행복의 유형과 유전자 발현의 관계를 밝혀내기 위해 일련의 연구를 진행했다. 이들은 두 유형의 행복을 확인했다. 하나는 쾌락적 행복으로, 쾌락을 추구하고 고통을 피하는 것이다. 다른 하나는 번영적 행복으로, 자아실현, 자율성, 타인과의 긍정적 관계, 자신의 존재에 대한 의미 부여와 연결된다.

두 유형의 행복은 만족의 관점에서 보면 동등한 것 같다. 이를테면 우리는 여름에 아이스크림을 먹을 때도 행복하고, 직장에서 업무를 성공적으로 마쳤을 때도 행복하다. 그렇지만 프레드릭슨 연구 팀에 따르면 쾌락적 행복보다 번영적 행복, 즉 즉각적 욕구 충족을 넘어 우리 존재에 의미를 부여하는 것이 항스트레스 유전자 활성화와 더 긴밀한 관계에 있다.

스트레스 유전자

두 유형의 행복과 관련되는 유전자 발현은 특히 면역 세포 차원에서 양상이 갈린다. 미국 캘리포니아 대학교의 스티븐 콜Steven Cole 연구 팀에 따르면, 만성 스트레스는 유전자 발현에 특징적 변이를 유발하며 특히 염증과 관련된 유전자 발현을 촉진한다. 이 작동 원리는 관절염과 심혈관 질환 같은 많은 질병에서 대단히 중요하다.

정신과 몸의 관계는 조금씩 그 비밀을 드러내고 있다. 정신은 몸뿐만 아니라 뇌에도 영향을 주는데, 뇌는 가소성이 있다. 우리는 생각하는 방식을 선택할 수 있고, 이 선택은 우리의 뇌 활성화에 영향을 준다. 그 영향 가운데 어떤 것들은 우리의 건강과 행복에 중요한 역할을 한다. 몸-정신 의학은 오랫동안 연구의 변방에 머물러 있었지만 오늘날에는 과학적으로 인정받는 분야가 되었다. 건강을 위해 우리가 함께 나누며 행복하게 스트레스 없이 일할 수 있기를 바란다!

02 플라세보 효과: 문제는 믿음!

파트리크 르무안

플라세보 효과는 환자 세 명 가운데 한 명꼴로 약효를 3분의 1 정도 증가시킨다. 통증의 경우, 약효에 대한 믿음은 뇌의 엔도르핀 분비를 자극한다.

플라세보는 의학계에서 눈엣가시 같은 존재다. 예측 불가능하고 통제할 수 없기 때문에 마치 마술이나 사기 같다. 한마디로, 의학계에서는 플라세보를 혐오한다.

2001년 덴마크의 한 연구 팀이 플라세보의 유효성에 대해 문제를 제기했다. 이 연구 팀은 32편의 의학 논문을 종합해 환자 3,795명을 대상으로 플라세보를 처방한 경우와 아무런 처방도 하지 않은 경우를 비교했다. 이들에 따르면, 두 집단은 거의 차이가 없었다. 그렇다면 플라세보 효과는 존재하지 않는다고 결론 내려야 할까? 그렇지 않다. 이런 식의 역학적 통계로는 이 질문에 적절하게 대답할 수 없다.

이 논문이 『뉴잉글랜드 저널 오브 메디신New England Journal of Medicine』에 발표되자 언론매체에서는 플라세보에 대한 비판 기사를 내보내, 그러잖아도 약한 플라세보 효과의 위상을 더 위태롭게 흔들었다. 그러나 이 논문의 결론은 대단히 비과학적이며 추론도 편향돼 있다.

논문 저자들은 '여자 한 명이 아기를 낳는 데는 9개월이 걸리기 때문에 시간을 벌기 위해서는 여자 9명을 모집해서 한 달 만에 아이를 낳게 하면 된다!'는 식의 사고를 전개한다. 터무니없는 논리지만 통계학적으로는 옳다! 사실 플라세보를 처방받지 않은 환자들도 병의 추이를 지켜보면서 평가를 받기 때문에 플라세보 처방과 '아무것도 하지 않는 것'은 엄연히 다르다. 실제로는 관찰의 플라세보 효과(아무것도 하지 않고 관찰만 하는 것)와 알약의 플라세보 효과가 비교되는 것이다. 그런데 개인에 따라서는(비통계적 관점) 단순히 관찰만 해도 불가사의하게 병이 호전되기도 한다.

환자를 기쁘게 하는 약

플라세보placebo는 무슨 뜻일까? 이 용어는 성 히에로니무스가 라틴어로 번역한 불가타 성서의 고인을 위한 저녁 예배 기도문 가운데 한 구절인 "플레세보 도미노 인 레지오네 비보룸Placebo Domino in regione vivorum(산자들의 세상에서 나는 주님을 기쁘게 하리라)"에서 차용된 것이다. 즉 플라세보는 '나는 기쁘게 하리라'를 뜻한다. 의학적 관점에서 보면 플라세보는 환자를 기쁘게 해주는 비활성 약이다. 그러나 이 정의에서 암시하는 것처럼 이것이 그렇게 비활성적이지 않다는 사실을 살펴보려고 한다.

플라세보에는 두 가지 유형이 있다. 순수 플라세보는 치료 상황에서 처방되는, 약리적 효과가 없는 약이다. 예를 들면 일반적으로 락토오스 캡슐이나, 주사의 경우에는 생리식염수가 여기에 해당한다. 플라세보의 반대는 약리적 효과가 있는 약, 즉 '베룸verum'이다.

비非순수 플라세보는 시중에 판매되고 있지만 약효가 입증되지 않은 약으로, 이를테면 피로 회복제나 기억력 개선제 같은 것이다. 동종 요법*도 이 범주에 속한다고 볼 수 있는데 이것의 효과는 전혀 확인되지 않았다. 비순수 플라세보는 복용법이 명시돼 있지만 정상적인 방식으로 쓰이지 않는 경우가 많다. 예를 들어 비타민 C는 아스코르브산 부족으로 생기는 괴혈병에 분명히 효과가 있지만 독감, 피로, 감기, 암 예방에는 효과가 없다.

약효에 대한 예상과 실제 관찰되는 약효의 간극은 플라세보 효과 때문이다. 예를 들면 항우울제는 2~3주 뒤 약효가 나타나는 것

---

* 질병과 비슷한 증상을 일으키는 물질을 극소량 주입해서 병을 치료하는 방법 — 옮긴이.

으로 예상되지만, 플라세보 효과 때문에 첫째 날이나 둘째 날부터 효과를 나타낸다. 그 반대로 약이 기대했던 것보다 효과가 적고 심지어 병을 악화시키는 것은 노세보nocebo(라틴어로 '나는 해칠 것이다'라는 의미) 효과라고 한다.

플라세보 효과는 실제로 존재할까?

플라세보 효과를 다룬 논문은 상당히 많은데 그 정도로 이것이 중요할까? 물론이다. 플라세보를 처방받은 환자 가운데 약 3분의 1이 플라세보 효과를 보이기 때문이다. 게다가 약효의 약 3분의 1은 플라세보 효과에서 기인한다. 따라서 플라세보는 약리적 치료에 추가될 만한 가치가 있다. 플라세보 효과는 수술이든 심리 치료든 치료의 종류와 상관없이 나타날 때가 많지만 이것을 예측하기는 불가능하다.

플라세보는 특히 불면증과 통증에 효과적이다. 여기서 말하는 통증은 류머티즘, 생리 증후군, 암 같은 신체적 통증을 뜻한다. 1955년 미국인 의사 헨리 비처Henry Beecher는 환자 총 1,082명에 관한 15건의 연구에서 자료를 수집했다. 이 환자들은 질병의 원인과 위치가 다양했다. 비처가 입증한 결과에 따르면, 플라세보는 환자들 가운데 평균 35.2%(4~86%까지)에서 효과가 있었다. 놀랍게도,

신체적 원인이 없는 통증, 예를 들면 물체를 접촉해서 생기는 실험적 통증이 플라세보에 가장 덜 '응답'하고, 특히 협심증 같은 극심한 고통을 수반하는 신체적 통증이 플라세보에 의해 가장 많이 완화된다.

약으로서 플라세보는 잠복기(효력이 나타나기 전의 기간), 작용기, 적정 용량(!), 누적 효과, 부작용이 있고 어떤 경우에는 의존성까지 있다. 잠복기는 약보다 짧으며, 약효가 최대로 발휘되는 시간도 더 빠르다. 출산 후 통증의 경우 아스피린은 두 시간이 지나야 약효가 최대로 발휘되는 데 반해 플라세보는 한 시간 만에 통증을 덜어준다. 작용기도 단축된다. 플라세보의 진통 효과는 2주 동안 최대로 유지되다가 점진적으로 사라진다.

누적 효과는 빈번하게 발생한다. 플라세보와 활성 약은 종종 서로 상승작용을 하는데, 이것은 플라세보가 관련 약의 약효를 증가시킨다는 것을 의미한다. 플라세보는 심리 치료에서도 나타난다.

플라세보의 부작용은 신체적 질환이 있을 때 기술되는 징후들과 유사해서 무력증(피로), 두통, 구토, 어지럼증 등을 유발한다. 심하면 피부 발진이나 저혈압 같은 부작용이 생기기도 한다. 약에 대한 의존성도 나타날 수 있다. 플라세보를 중단하면, 비록 강도는 덜하지만 모르핀계 약을 먹은 환자들에게서 관찰되는 것과 비슷한 금단 증상을 보인다.

약효에 대한 암시

어떻게 해서 비활성 물질이 일시적으로 동공의 크기나 혈압 같은 생물적 변수에 변화를 일으킬 정도로 질병에 영향을 줄 수 있는 것일까? 여기에는 심리적 요인들이 개입한다. 핵심은 조건화와 암시다. 현대인들은 태어나서부터, 아프면 병원에 가고 의사가 처방해주는 약을 먹으면 회복된다는 단순한 논리를 따른다. 통증-의사-약-회복이라는 일련의 고리가 우리 정신 깊숙이 자리 잡고 있다. 우리는 조건화되어 있는 것이다.

인간에게서 이 고리는 활성 약이 '무의미한' 약으로 대체되는 경우에도 유지된다. 치료사와 환자 사이에 공유되는 믿음에서 비롯되는 암시는 플라세보 효과를 강화해준다. 게다가 순종적인 환자는 반항적인 환자보다 플라세보에 더 민감할 가능성이 크다. 또 직업관이 투철하고 환자에게 많은 시간을 할애하며 공감 능력이 높은(환자의 처지를 느낄 수 있는) 의사들이 더 설득력이 있어서 다른 의사들보다 플라세보 효과를 더 많이 유발한다.

플라세보 효과는 생물적 요인에 의한 것일까? 그렇다. 통증의 경우에는 엔도르핀(또는 엔케팔린)에 의해 플라세보 효과가 만들어진다. 엔도르핀은 인체가 자연적으로 생성하는 치료적 분자로서, 모르핀 수용체(양귀비, 아편, 헤로인)와 결합하는 물질이다.

사랑니 발치를 앞둔 자원자들을 대상으로 1978년에 진행된 한

연구가 있다. 수술은 부분 마취로 이뤄졌고, 환자들은 수술 후 진통제로 플라세보를 처방받았다. 제비뽑기로 자원자 가운데 절반에게는 플라세보와 모르핀 수용체를 차단하는 날록손을 처방하고 나머지 사람들에게는 플라세보만 처방했다. 그 결과, 날록손을 처방받은 환자들의 경우에는 플라세보가 통증을 가라앉히지 못했지만, 날록손을 처방받지 않은 환자들의 경우에는 플라세보가 효력을 발휘한 것으로 나타났다. 첫 번째 환자들은 날록손이 모르핀 수용체에 결합했고 그 때문에 엔도르핀이 작용하지 못했다. 두 번째 환자들의 경우에는 조건화에 의해 뇌 속에 분비된 엔도르핀이 통증을 가라앉혔다. 따라서 플라세보 효과는 인체가 엔도르핀의 생성과 엔도르핀 수용체의 감수성을 증가시켜 만들어내는 것이다. 이것은 여러 연구를 통해 확인되었다.

플라세보의 원리

플라세보의 작동 원리는 몸에서 자연적으로 만들어지는 분자의 작용인 통증과 관련해서 잘 밝혀졌고, 그 밖의 다른 질병들도 비슷하지 않을까 싶다. 한 예로 파킨슨 질환의 경우 플라세보 효과는 뇌에서 분비되는 도파민과 관계있는데, 이 분자는 파킨슨 환자들에게서 결핍된 물질이다. 우울증의 경우에는 세로토닌이 문제가 된다.

그렇다면 순수 플라세보를 처방하는 것은 가능할까? 두 경우를 생각해볼 수 있다. 첫 번째는 임상의 경우로, 순수 플라세보 처방은 고의적으로 거짓말을 하는 것이고 따라서 용납되지 않는다. 두 번째는 연구(특히 임상실험)의 경우로, 특정 질환에 대해 진짜 약의 효과를 플라세보 효과와 비교하는 것이다. 이런 임상실험에서 환자들은 실험 목적에 대해 설명을 듣고(효과가 입증되지 않은 물질을 검사하는 것, 모르는 상태에서 플라세보를 받는다는 것) 동의서에 서명한다. 당연히 이 방식은 질병에 대한 효과적 치료를 하지 않고 질병이 진행성이 아니며 환자의 생명을 위협하지 않는 경우에만 가능하다.

플라세보 처방은 공중보건법상 적법하지만 의사 윤리 강령에는 들어 있지 않다. 법적인 의미에서 보면 플라세보는 분명히 약이다. 플라세보 효과는 효과가 이미 입증된 치료를 강화해주는 것이므로 특별한 윤리적 문제가 없다.

플라세보 처방의 윤리성 문제

(효과가 확인되지 않은) 비순수 플라세보의 경우는 의심스러운 구석이 많다. 이것을 처방하는 것은 기만이다. 약 처방의 약 35%에서 45%가 비순수 플라세보인 것으로 보인다. 여기서 핵심은, 의사가 이런 유형의 약을 권할 때 환자를 속이려는 의도가 있는지 여부다. 효과를 보려면 의사도 환자만큼 약효를 믿어야 하기 때문에 의사가 거짓말을 하는 것은 아니다. 비순수 플라세보의 경우 의사가 약효에 대한 믿음 없이 약을 처방한다면 윤리적 문제가 더 첨예하게 제기될 수 있다. 마지막으로, 비순수 플라세보는 약 복용과 관련된 조건화를 지속시켜 의존성을 조장한다.

결론적으로, 플라세보는 엔도르핀의 생성에서 실제로 기인하는 생물적 현실이다. '착한 의학'이란 치료사와 환자가 서로를 신뢰하면서 고통을 완화하고 병을 회복하기 위해 함께 노력하는 것이며, 플라세보의 존재는 이것을 가늠할 수 있는 가장 훌륭한 지표다. 의사가 진심으로 환자를 대할수록 플라세보 효과는 크고 병은 견딜 만해질 것이다.

03 의료계의 새로운 치료법

이자벨 셀레스탱로피토

환자를 더 효과적으로 치료하고 신체적·정신적 건강을 지키는 삶의 기술을 개발하기 위해 요가·명상·마사지·최면·방향 요법 같은 다양한 기법이 '정통' 의학에 통합되고 있다.

프랑스 오본 병원 응급실에는 요가 시간이 있다. 프랑스 크레믈랭 비세트르 대학병원 통증치료센터에서는 최면과 귀 침술(바깥귀의 특정 부위를 자극해서 신체의 다른 부위를 치료하는 침술)로 환자를 치료한다. 영국의 로열런던 병원, 이스라엘의 하이파 암센터, 미국 보스턴의 마인드보디클리닉(하버드 의과대학과 연계된 정신신체의학 연구소)에서는 통합 의학을 임상에 적용하고 있다. 프랑스는 잠재력 최적화 기법을 전 군대에 활용하며, 교도소에는 '프리즌스마트PrisonSmart'*라

* 국제적으로 유명한 재활 프로그램. 현재는 IAHV로 이름이 바뀌었다. 범죄자와 교정 직원 그리고 범죄 피해자를 대상으로 다양한 교육을 제공한다—옮긴이.

는 재활 프로그램의 일환으로 요가 수업을 도입했다. 이제는 환자뿐만 아니라 건강한 사람도 요가, 최면, 침술, 귀 침술, 기공, 명상, 방향 요법, 이완 요법, 예술 치료, 마사지를 통해 도움을 받는다. 새로운 치료법들은 이 밖에도 많다.

정신 신체 요법으로 환자를 치료하는 의료기관이 전 세계적으로 점점 늘고 있다. 이것은 몸을 통해 정신적 고통을 완화하고 정신을 통해 몸의 고통을 완화하는 치료법이다. 이른바 통합 의학이 탄생하는 중이다. 그 덕분에 우리는 이 치료 기법들을 별개로 또는 결합해서 사용할 수 있게 됐다.

이런 흐름은 전 세계 치료실의 풍경을 바꿔놓았고 의학 사전까지 변화시켰다. 통합적 건강, 보완 의학, 보완 요법, 정신 신체 요법 등은 모두의 화두가 됐다. 오늘날 이 새로운 의학은 불가피해 보인다. 동참해서 이것을 발전시키든, 미숙하고 무지한 상태에서 억지로 따라가든 말이다. 실제로 많은 의문이 제기되고 있다. 통합적 건강이란 무엇인가? 다양한 치료법을 어떻게 조직화하고 통합할 것인가? 제도권 의학과 보완 의학을 어떻게 결합할 것인가? 환자의 상태에 따라 어떤 것을 선택하는 것이 바람직할까? 이 모든 치료법에 공통된 요소가 존재할까? 치료사와 환자 그리고 의료기관은 이 치료 기법들을 제대로 알고 이것들의 적용방식과 작동원리를 정확하게 규정할 필요가 있다. 그러기 위해서는 과학적 연구와 임상에서의 피드백이 필요하다.

보완적 치료에 대한 정확한 정의

몇 년 전부터 뚜렷이 나타나는 현상이 하나 있다. 많은 분야에서 비상한 능력을 발휘하는 서양 의학이 '비非제도권' 치료법들을 점점 통합하고 있는 것이다. 증상이 만성적인 경우 특히 그렇다. 보완 요법이란 무엇일까? 세계보건기구WHO에 따르면 이것은 정신 신체 요법과, 여러 나라의 전통 의학에서 비롯된 치료법을 가리킨다(위키피디아에는 수백 종에 이르는 비제도권 치료법이 소개되어 있다. https://en.wikipedia.org/wiki/Alternative_medicine).

세계보건기구는 2002년 기준 프랑스인 75%, 캐나다인 70%, 호주인 48%, 미국인 42%가 적어도 한 번은 소위 '대체' 치료법에 도움을 받은 적이 있다는 사실도 명시했다. 이런 이유에서 WHO는 처음으로 전 세계적인 전략 계획을 세웠다. 목적은 이 치료법들에 대한 정보 제공과 평가였다. 소위 전통 의학 또는 대중 의학이라고 하는 것들이 위험하지는 않을까? 효과는 있을까? 그래서 여러 나라에서 많은 연구가 진행됐다.

정신 신체 요법들은 여러 명상법, 요가, 기공(호흡법으로 기를 단련하는 중국의 체조), 최면 같은 전통적인 치료법에 주로 토대를 두고 있다. 예를 들어 명상은 이제 절 밖으로 나와 우리의 일상으로 들어왔다. 현재 생트안 병원과 크레믈랭비세트르 병원의 통증치료센터와 마취과에서는 명상을 치료 수단으로 활용하고 있다. 마찬가지로 최면도 다양한 통증 치료의 하나로 쓰이고 있다. 또 현재 우리는 최면을 이용해, 한 문제에 집중된 제한적 의식으로부터 더 넓고 열린 의식으로 이행하는 실험을 하고 있다. 이 기법은 다른 여러 문화의 고대 전통 의학에서 다른 형태와 다른 이름으로 존재한다.

한 가지 유의할 점은, 이러한 치료법들이 서양 의학에 통합되고 있지만 고대 의학이나 동양 의학의 치료법과 정확히 동일하지는 않다는 점이다. 이것들은 이 전통들과 현대 서양 의학을 접합한 것이다. 다양한 문화와 다양한 시대의 사고들이 서로 만났다고 보면 된다.

예를 들어 2014년에 파리 공립병원APHP은 14종 이상의 보완 의학 치료법을 병원에서 제공하고 있다고 발표했다. 그중에서 가장 많이 활용되는 것은 특히 최면을 포함해 이완 요법, 촉감 치료* 같은 정신 신체 요법이다. 손을 이용한 치료(특히 접골)와 전통 의학에 기반를 둔 치료(예를 들면 침술)가 그다음으로 많다.

프랑스의 대학병원CHU들을 대상으로 2012년에 실시한 조사도 이 치료법들의 위상을 잘 보여준다. 하지만 보완 치료법에 속하는 약초는 여러 가지 문제 때문에 파리 공립병원에서 많이 쓰이지 않는데, 무엇보다 규제하기가 어렵다(약리적으로 유효하지 않은 물질들을 먹거나 몸에 바를 위험이 있다).

---

* 치료사가 환자의 피부를 직접 또는 기구를 사용해 간접적으로 만져서 치료하는 것—옮긴이.

미국 국립보건원과 코크런 컬래버레이션Cochrane Collaboration*은 보완 의학 또는 보완 대체 의학CAM을 다음과 같이 정의하고 있다. "특정한 역사적 시기에 특정 사회나 문화에서 정치적으로 우세한 건강 체계에 속하는 치료 자원 이외에, 건강과 관련된 모든 체계, 방식, 치료법 그리고 그것들에 대한 이론이나 믿음을 광범위하게 포괄하는 치료 자원 분야다."

* 보건 의료와 정책에 대한 중요한 근거 자료들을 제공하는 비영리 민간단체 — 옮긴이.

치료의 네 가지 유형

보완 요법은 그 성격과 처방 방식에 따라 분류된다. 치료에는 네 가지 유형이 있는데, 자연식품을 이용하는 치료(식물, 영양 보조 식품 등), 정신 신체 요법(최면, 요가 등), 손을 이용한 치료(접골, 지압, 마사지 등), 그 밖의 치료 방식(전통 의학)이다. 처방에는 세 방식이 있는데, 자가 처방(약초, 영양 보조식품, 명상), 치료사의 처방(침술, 마사지, 반사 요법*, 접골), 주기적으로 감독을 받는 자가 처방(요가, 뉴로피드백, 태극권)이다.

프랑스에서는 주로 환자들이 증상이 만성적일 때 이 보완 요법들을 사용한다. 하지만 의료 인력을 양성하는 교육 과정에는 아직 이것들이 거의 통합되지 못하고 있다. 보완 요법은 제도권 의학을 보완하는 것이다(대체 의학은 제도권 의학 대신 사용된다는 점에서 이것들과 구별된다).

새로운 의학은 환자의 치료 과정에서 제도권 의학의 치료법과 보완 의학의 치료법을 결합하는 것이다. 단, 안정성과 유효성에 대한 과학적 평가가 선행되어야 한다. 이 새로운 의학은 환자를 그의 전체성(몸, 정신, 영성) 속에서 고려하고, 환자의 생활방식과 예방을 중시하면서 치료를 환자 개인에게 맞추는 것이다. 이 의학의 핵심

---

* 발·손·귀의 특정 지점들이 몸의 다양한 부분을 자극한다는 믿음에 근거한 치료 방법—옮긴이.

은 학문 간 상호 연관성이다.

모두를 위한 예방과 건강

그러나 오늘날의 의학은 여기에서 한 걸음 더 나아간다. 건강한 사람도 의학의 혜택을 받아야 하니까! 화두는 통합적 건강이다. 2015년 미국의 보완대체의학센터NCCAM가 보완대체통합의학센터NCCIH로 명칭을 바꾼 것은 이러한 진전을 잘 보여준다. WHO에 따르면, 건강은 단지 질병의 부재가 아니라 신체적·정신적·사회적으로 '완전히' 행복한 상태다.

따라서 문제는, 보완적 치료법에 대한 정보를 제공하고 이것을 추천하는 것뿐만 아니라 사람들이 일상생활 속에서 이것들을 통합하고 활용해 진정한 삶의 기술을 연마할 수 있게 돕는 것이다. 환경 변화에 적응하기 위해서는 무엇보다 생활태도를 바꿔야 한다.

통증 때문이든 우울증이나 불안 때문이든, 우리는 괴로울 때 그 증상들에 의해 '붙들린다'. 말하자면 세상과 자신으로부터 단절된다. 우리는 변화하지 못하고 고통에만 몰입된다. 보완 의학이 치료하는 것은 바로 이 붙들림이다.

증상이 우리를 일상에서 아무것도 할 수 없게 만들 때 정신 신체 요법의 도움을 받기로 결심하고, 주의를 다른 데로 돌리는 방법을 배운다면 우리에게 새로운 활로가 열릴 수 있다.

신경과학은 우리에게 중요한 사실을 알려줬다. 과학자들이 기능적 자기공명영상fMRI을 이용해 뇌에서 두 개의 큰 연결망을 찾아낸 것이다. 하나는 우리가 주의를 기울일 때 활성화되고, 디폴트 모드 네트워크*라고 불리는 두 번째 것은 우리가 쉬고 있을 때, 즉 아무것도 하지 않을 때 활성화된다.

디폴트 모드 네트워크

디폴트 모드 네트워크는 멍한 상태, 공상, 자기 분석, 정보 분류, 기억의 재배열, 미래 예측 같은 다양한 내적 과정과 관계있다. 우리가 아무것도 하지 않을 때(완전히 쉴 때), 외부로 향한 주의집중의 뇌 연결망이 '멈출 때' 디폴트 모드 네트워크는 전기적으로 활성화되고 동시화(모든 신경세포가 동시에 전하를 띠는 것)된다.

우리 뇌는 본질적으로 내관內觀을 한다. 미국의 뇌과학자 마커스 라이클Marcus Raichle이 디폴트 모드 네트워크를 발견했을 때 여기에 '뇌의 어두운 에너지'라는 이름을 붙인 것은 이 때문이었다. 뇌의 이 '숨겨진' 활성화는 매우 중요하다. 역설적으로, 우리가 어떤 일에 집

* default mode network. 뇌 과학자 마커스 라이클이 붙인 이름으로, 내측 전전두엽피질, 후대상피질, 두정엽피질에 퍼져 있는 신경세포망이 여기에 해당한다 — 옮긴이.

중할 때와 비교해서 이때 소모되는 뇌의 산소와 포도당의 양은 거의 40%까지 증가하기 때문이다. 이 사실은 뇌의 휴식 활동이 필요한 것이며 더 나아가 생명유지에도 필수적인 것임을 시사한다.

디폴트 모드 네트워크는 다양한 의식 상태(수면, 전신마취)에서뿐만 아니라 일부 보완적 치료법(최면, 명상 등)이 유도해내는 의식 상태에서도 자극된다는 사실이 여러 연구를 통해 입증됐다. 많은 정신 신체 요법은 디폴트 모드 네트워크를 활성화하는 것 외에도 뇌 기능을 변화시키고 이 변화를 장기적으로 지속시켜준다.

삶의 기술

정신 신체 요법들은 우리가 변화하고 환경에 적응할 수 있게 도와주는 공통의 '치료제들'을 소개한다.

첫 번째 치료제는 역설적으로 보일 수도 있는데, 우리가 우리 자신과 세상에 기울이는 많은 관심이다. 특히 최면, 자기 최면, 명상, 요가, 기공은 자신의 현존에 집중한다. 자신의 현존은 곧 세상의 현존이다. 이 치료법들은 우리를 다른 사람들과 단절시키기는커녕 더 단단하게 연결시킨다.

두 번째 치료제는 몸의 감각성이다. 명상, 최면, 요가는 자신의 어려움에만 몰입된 제한적인 감각성에서 벗어나 더 풍부하고 개방

된 감각성을 누릴 수 있도록 우리를 도와준다.

세 번째 치료제는 감정을 '건너가는' 능력이다. 화는 실망감, 두려움은 위험, 슬픔은 불만족의 표현이다……. 물론 감정은 매우 효과적인 경보 신호다. 하지만 감정의 역할이 끝났는데도 그 감정을 계속 갖고 있거나 거기에 우리 존재가 끌려가서는 안 된다. 감정은 '하인으로는 좋지만 주인으로는 나쁘다'. 정신 신체 요법은 우리가 감정들을 잘 다룰 수 있게 도와준다.

마지막으로, 네 번째 치료제는 호흡이다. 호흡은 의식과 무의식의 중간에 위치하지만 우리는 매 순간 호흡을 의식할 수 있다. 호흡은 몸과 정신을 이어주는 다리로, 최면, 이완 요법, 소프롤로지*, 요가, 기공, 명상 등에서 사용된다.

우리는 이 치료제들을 이용해 곧바로 통합적 건강에 도달할 수 있다. '예방이 치료보다 낫다.' 일상생활에서 자율적으로 이 기법들을 실천한다면 누구나 자기 건강을 책임질 수 있다. 남파리 대학교를 비롯한 여러 대학교에서 이 보완 요법들을 교육하고 있다.

보완 의학은 환자를 치료할 때 환자와 치료사가 나누는 대화와 관계 맺음의 기술을 잘 보여준다. 이것은 새로운 학파가 아니라, 다양한 접근법과 개념들로부터 그 도구들을 자유롭게 차용하는 하나의 방식이다. 다양한 치료 기법을 수용한다는 것은 익숙한 길에서

* Sophrology. 1960년대 콜롬비아의 신경정신과 의사인 알폰소 카이세도가 일본의 선과 인도의 요가를 연계해서 만든 이완법—옮긴이.

벗어나 그것들 간의 연관성을 탐구하고 본질적인 것과 지엽적인 것을 구분하는 것이다. 굳어진 학설과 치료법과 관념 밖으로 나오는 길이 존재로 되돌아가는 길이다.

새로운
치료 기법들

최면, 뉴로피드백, EMDR, 인지 교정…….
공상과학 영화 얘기냐고?
그렇지 않다. 이것들은 우리가 자신의 뇌와 몸을 잘 다룰 수 있게 도와주는 보완 의학 치료법이다.

04 몸과 정신의 치료: 의학의 미래

크리스토프 앙드레

환자의 몸과 생각과 감정과 생활방식을 모르면
병을 치료할 수 없다.

치료사라면 몸과 정신이 서로 밀접하게 연관돼 있다는 것을 잘 안다. 몸 상태는 정신 기능에 분명히 영향을 준다. 이를테면 통증은 주의력을 떨어뜨리고(통증을 제외하고는 어지간한 일에 주의를 기울이지 않는다) 염증은 우울증을 불러온다. 반대로 정신 상태도 몸 상태에 영향을 준다. 이를테면 긍정적 감정은 면역력을 강화하고, 화를 내면 관상동맥이 '경련'을 일으킨다. 따라서 오늘날 치료사가 이러한 최신 정보들을 환자의 치료에 활용하는 것은 정당할뿐더러 필요하다. 하지만 모두가 이렇게 하긴 쉽지 않다.

무엇보다 몸-정신 치료법들은 오랫동안 과학적 신뢰성이 거의 없었기 때문이다. 문제는 이것들이 신체 질환을 심리적 원인으로 설명하거나 정신의 변화로 몸을 치료하려는 데 있었다. 한 예로 정신분석학의 소위 정신신체의학(과거에 사용된 용어) 이론들psychosomatic medicine*은 종종 민간에서 전승되는 화법을 썼다. 이를테면 환자가 허리 신경통으로 고생하면 '부담을 많이 짊어지고 살았기' 때문이고, 인후염에 걸렸으면 어떤 일들을 '잘 삼키지' 못했기 때문이라는 식이었다.

이런 어리석은 설명들은 만병통치약처럼 쓰이고 불특정적이며(부담을 짊어진 일과 삼키기 어려운 일은 누구에게나 있으니까) 치료 효과는 한정적이었다. 환자들에게 죄책감을 느끼게 만드는 언급을 하는 경우도 많았다. "아무 이유 없이 병에 걸리는 건 아니죠"라거나 "자기가 암을 불러온 거죠" 같은 얘기들 말이다.

마지막으로, 어떤 접근법들은 구태의연했고 발전이 거의 없었다. 이를테면 쿠에 치료법**은 "나는 모든 면에서 점점 나아지고 있습니다"라는 말을 매일 반복하게 했다. 이런 치료법이 19세기 말에는 혁신적일 수도 있었겠지만 거의 100년이 지난 지금은 그렇지 않다.

시대는 변했고, 오늘날의 몸-정신 의학은 새로운 모습을 보여주고 있다. 무엇보다 과학 연구가 뒷받침해주기 때문에 과거에 비해

---

* 마음의 질병이 신체의 질병으로 이어진다는 이론—옮긴이.

** 프랑스의 심리학자이자 약사인 에밀 쿠에(1857~1926)가 만든 치료법으로, 자기 암시와 자기 최면에 근거한다—옮긴이.

더 안전하다. 1992년 이후 우리는 (행동 치료 같은) 효과적인 심리 치료가 뇌의 기능과 해부학적 구조를 바꿀 수 있다는 사실을 알고 있다. 또 감정이 면역계에 끼치는 영향도 측정할 수 있다. 정신이 신체에 끼치는 이 영향은 상당히 중요하다. 예를 들면 긍정적 감정은 건강을 예측할 수 있는 요소이며 담배만큼이나 강력한(하지만 정반대의) 힘을 갖고 있다는 사실이 메타 분석을 통해 입증됐다.

증거와 도구의 부족으로 의사들이 몸의 질병에 대한 정신의 역할을 무시하던 시대는 지나갔다. 지금보다 더 나은 의학을 향해 나아가야 한다는 것은 시대적 요구다. 뇌의 능력에 대해서 새롭게 알게 된 지식들을 완전히 통합하는 의학이 바로 그것일 것이다. 하지만 환자의 신체적 증상과 정신적 기능을 동시에 주시하면서 포괄적으로 환자를 치료하려면 시간이 많이 걸리고 지속적인 상담이 필요하다. 환자는 약을 먹는 편이 쉽고 의사는 약을 처방하는 편이 쉽다…….

그럼에도 불구하고 우리는 이런 유형의 의학을 향해 발전해나가야 한다. 그러지 않으면 환자의 정신적 자원을 무시함으로써 효율성을 잃게 될 것이다. 또 환자들은 과학적으로 완전히 확인되지 않은 대체 의학에 점점 더 의존하게 될 것이다. 대체 의학에서는 어쨌든 치료사가 환자의 말을 충분히 듣고 이해해주며 환자에게 병에 대한 설명을 하면서 삶의 방식과 세상에 대한 관점을 바꾸도록 제안하기 때문이다.

따라서 이제 의사들은 필요 이상의 막연한 약 처방을 하는 대신 환자에게 생활태도와 사고방식을 바꾸도록 권해야 한다. 이것은 대체 의학(의학을 대체하는 것)보다는 보완 의학(기존 의학에 추가되는 것)으로 해결해야 할 문제다.

생활태도 바꾸기

영양 섭취와 운동이 건강에 중요한 역할을 한다는 사실은 현재 과학적으로 잘 알려져 있다. 암이나 우울증을 치료하기 위해서는 약과 함께 적절한 영양 섭취(과일과 야채를 많이 먹고 체내에 빨리 흡수되는 당* 피하기 등)와 운동(정기적인 운동은 기분을 개선시키고 만성 염증을 줄이는 효과가 있다)을 당연히 병행해야 한다.

그런데 생활태도의 변화는 심리적 태도의 변화이기도 하다. 건강과 관련된 변수 가운데 특히 중요한 두 가지를 예로 들면, 감정의 균형(스트레스를 줄이고 긍정적 감정을 많이 느끼기)과 낙관적 생각이다. 그 밖에도 아직 밝혀지지 않은 것이 많다!

플라세보 효과를 보자. 이것의 실재성은 인정됐지만 사람들은 이것을 자기 암시의 부수적 현상쯤으로 치부하고 있다. 사실 플라세보 효과는 정신의 치유력을 보여주는 완벽한 예시인데도 암시에 의존해서만 제한적으로 사용되고 있다. 훈련을 통해 자신의 의지로 플라세보 효과를 유발할 방법을 찾아낸다면 큰 진전을 이룰 수 있을 것이다.

일반 의료와 외과 치료는 응급 환자나 질환이 있는 사람들에게 주로 적용되고 생활태도와 사고방식의 변화는 예방과 건강 유지에 주로 적용되는데, 치료와 관련해서 앞으로 몇 년간 중요한 문제는 아마도 이 둘의 통합일 것이다.

---

* 당 분자 하나로 이루어진 포도당이나 포도당 두 개가 결합한 맥아당—옮긴이.

의사로서 내가 아는 것과 내가 하는 것

나는 몸의 고통보다 정신의 고통에 관심을 기울이는 심리 치료사다. 그리고 정신 질환을 치료하는 정신과 의사이기도 하다. 따라서 나는 몸이 정신의 기능에 관여하는 것에 관심을 가져야 마땅했다.

하지만 오랜 기간 그렇게 하지 않았다. 동료들처럼 나도 정신 질환 증상들이 생체적 원인에 지배받는 사례들을 접할 때는, 이를테면 특히 뇌종양이나 호르몬 이상은 초기에 정신병과 유사한 경우가 많아 신중한 태도를 취했다. 일단 '감별 진단'이 끝나면 '몸을 치료하는' 동료 의사들에게 내 환자의 몸을 맡겼다. 내가 관점을 바꾼 것은 얼마 되지 않았고 점진적이었다. 처음에는 환자들의 얘기를 듣고 그들이 살아가는 모습을 보면서 그들의 몸 상태가 정신 상태에 큰 영향을 끼친다는 사실을 알게 되었다. 그래서 과학 자료들을 찾아 읽었는데, 몸과 정신의 연관성을 보여주는 많은 증거를 발견할 수 있었다.

현재 나는 몸의 균형이 정신의 균형에 대단히 중요하다는 사실을 믿는다. 예를 들면 일정한 강도 이상의 규칙적인 운동이 정신 질환 증상을 개선한다는 것은 여러 연구에 의해 입증됐다. 그렇다면 정신병원마다 체육실과 운동 코치가 있어야 하지 않을까? 하지만 정신 질환자 수용시설들은 환자가 방이나 침대에 널브러져 있는 슬픈 광경을 종종 연출하곤 한다…….

요즈음 나는 환자들에게 이렇게 말한다. "우리는 세 가지 수단을 사용할 거예요. 고통을 빨리 완화시키기 위해 약을 쓰고, 지속적인 회복을 위해 심리 치료를 하며, 건강을 유지할 수 있도록 생활태도를 바꿀 겁니다." 생활태도의 변화에는 식단이 포함된다. 오메가3를 충분히 섭취하고, 염증과 우울증을 촉진하는 붉은색 육류와 돼지고기 같은 음식을 줄이며, 주의력 장애를 촉진하는 것으로 의심되는 당(특히 몸에 빨리 흡수되는 당 종류)을 제한하는 것이다. 또 규칙적인 신체활동도 중요한데, 성취 지향적인 강제적 운동이 아니라 걷기나 체조가 좋다. 한마디로 요약하자면, 정신의 상태를 개선하기 위해 몸의 상태를 개선하는 것이다.

우디 앨런Woody Allen은 어떤 글에서 "정신과 몸은 분리돼 있는데 그렇다면 어느 쪽을 선택해야 할까?" 하고 묻는다. 의학에서는 이제 이 물음이 통하지 않는다. 이것들은 분리돼 있지 않아서 선택할 필요가 없다!

05 뉴로피드백, 생각으로 뇌 길들이기

쥘리안 코를리에바그다사리앙 & 미셸 르 방 키앙

우리는 뇌의 움직임을 느끼지 못한다. 뉴로피드백이라는 장치는 실시간으로 뇌의 전기적 활동을 보여준다. 우리는 이것을 이용해 뇌를 제어할 수 있다.

몸(뇌를 포함한 물질)과 정신은 어떤 관계일까? 이 질문은 서양 철학이 시작됐을 때부터 사람들을 사로잡은 주제이며, 인도 철학의 발원지인 동양에서는 아마도 더 일찍부터 그랬을 것이다. 한쪽에는 물리적 대상이자 생체기관으로서의 뇌가 있고, 다른 한쪽에는 정신, 즉 나의 경험과 생각, 감정이 있다. 뇌와 정신은 별개일까? 데카르트는 이것들이 서로 무관한 두 개의 '실체'라고 생각했다. 하지만 현재 우리는 신경과 정신이 연결돼 있을 뿐만 아니라 분리될 수 없다는 것을 알고 있다. 지금부터 살펴보려는 것은, 우리가 생각으로 뇌를 변화시킬 수 있다는 사실이다.

그런데 생각과 뇌 사이에는 큰 괴리가 있다. 그 이유는 간단하다. 우리가 뇌의 움직임을 느끼지 못하기 때문이다. 우리는 심장 같은 다른 기관과 달리 뇌의 내적 활동은 느끼지 못한다. 누가 우리의 전두엽 상태를 묻는다면 우리는 대답할 수 없다! 뇌가 생각의 중추라는 것과 뇌가 어떤 활동을 하는지는 과학과 과학도구를 통해 알게 된 것이다.

뇌를 '느낀다'

수십 년 전부터 우리는 뇌의 움직임을 볼 수 있게 됐다. 이제 뇌는 '블랙박스'가 아니라, 최신 뇌 영상 기법들을 통해 그 움직임을 실시간으로 관찰할 수 있는 생체기관이 되었다. 뇌 영상 기법 가운데 하나는 뇌전도EEG다. 이것은 전극이 여러 개 달린 헬멧처럼 생긴 기계인데, 전극을 이용해 머리 곳곳에서 약한 전기장을 기록한다. 이 전기장들은 두개골의 특정 지점 밑에 있는 신경세포 수백만 개의 활동을 반영하며, 컴퓨터를 통해 1,000분의 1초 단위로 정확하게 기록된다. 뇌의 활동은 종종 마치 오르내리는 파동처럼 보이며 특정한 속도로 진동하는 형태를 취한다.

하지만 우리는 생각의 기반이 되는 이 전기적 활동을 느끼지 못한다. 다시 말해 우리는 언제나 두 가지 방법으로 뇌를 인식한다. 외부에서 (과학 기기를 이용해) 파악하거나 내부에서 (주관적 의식을 통해) 파악하는 것이다. 신경생물학적 연안과 정신적 연안을 이어주는 다리는 없을까? 이 오래된 철학적 질문을 해결해줄 장치가 있다. 바로 뉴로피드백이다.

이것은 '뇌파에 대한 피드백'이다. 이것이 만들어진 경위는 다음과 같다. 1950년대 말경 시카고 대학교의 심리학자 조 카미야Joe Kamiya는 우리가 원하는 대로 특정한 뇌 활동을 만들어낼 수 없을지 궁금했다. 얼핏 생각하기에는 불가능하다. 하지만 카미야는 묘안을 찾아냈다. EEG를 매 순간 특정한 뇌 활동의 존재 여부를 표시해줄 수 있는 다른 통신장치에 연결하는 것이었다. 예를 들면 찾고자 하는 뇌파가 EEG상으로 나타날 때 소리를 울리게 하는 식이다.

카미야는 실험 자원자들에게 우선 알파파를 가지고 시험해봤다. 이 파형은 주파수가 8~12헤르츠 사이에 있고, 휴식을 취할 때 나오는 뇌파다. 카미야는 실험 참여자들에게 알파파의 강도가 약할 때는 낮은 음을 들려주고 강도가 강할 때는 높은 음을 들려줬다. 그런 다음 그들에게 자신의 알파파를 촉진하거나 억제해보라고 했다. 실험 참여자들은 소리로 계속 피드백을 받으면서, 자기가 뇌파를 어떻게 변화시키고 있는지 실시간으로 확인했다. 몇 차례에 걸친 훈련 끝에 그들은 생각으로 뇌 활동을 제어하는 데 모두 성공했다. 카미야는 우리가 정보의 실시간 피드백을 이용해 자신의 뇌 활동을 길들일 수 있다고 결론 내렸다. 이것이 뉴로피드백의 시작이다. 놀라운 사실은, 카미야의 관찰에 따르면 이 훈련을 받은 뒤 실험 참여자들의 기분이 더 좋아졌다는 점이다. 따라서 알파파를 자유자재로 만들어낼 수 있다면 우리는 더 행복해질 수 있다.

뇌파의 조절

그 뒤 1968년 로스앤젤레스 대학교의 배리 스터먼Barry Sterman은 동물들을 대상으로 뉴로피드백 장치를 시험해봤다. 그 결과, 고양이를 훈련시키면 특정 뇌파, 즉 감각운동 리듬파(12~15헤르츠)를 증폭시킬 수 있다는 사실을 밝혀냈다. 이 뇌 활동은 동물들이 각성 상태에서 몸을 쉬고 있을 때 나타난다.

그 과정에서 스터먼은 전혀 뜻밖의 사실을 발견했다. 1970년대에 NASA는 간질을 유발하는 것으로 알려진 로켓 연료인 히드라진의 독성에 관심이 있었다. 그들이 알고자 한 것은, 이 화합물을 제조하는 노동자들과 우주비행사들에게 이것이 병을 유발하는지 여부였다. 그래서 스터먼에게 연구를 의뢰했다.

스터먼은 고양이들에게 히드라진을 주사한 뒤 일부 고양이들에게 뉴로피드백을 훈련시켰다. 그 결과, 뉴로피드백을 훈련하지 않은 고양이들과 달리 이것을 훈련한 고양이들에게는 간질 발작이 필연적으로 유발되지는 않는다는 사실을 확인했다. 이렇게 해서 스터먼은 뉴로피드백이 의학적으로 사용될 수 있다는, 즉 간질에 적용될 수 있다는 사실을 최초로 발견했다. 또 그는 감각운동 리듬파(간질 발작을 유발하는 뇌파를 억제하는 뇌파)의 조절로 간질 발작을 줄일 수 있다는 사실도 밝혀냈다.

10년 뒤 스터먼은 간질 환자들을 대상으로 뉴로피드백의 효과를 연구했다. 그는 매우 간단한 장치를 만들었는데, 빨간불과 초록불이 들어오는 작은 전기 상자였다. 맨 처음 이 장치를 시험한 사람은 메리라는 만 23세 젊은 여성으로, 약물로는 통제되지 않는 간질을 앓고 있었다. 메리가 감각운동 리듬파를 만들어내면 초록불이 켜지고 반대로 이 뇌파가 사라지면 빨간불이 켜졌다. 스터먼은 메리에게 초록불은 켜고 빨간불은 끄게 했다. 그녀는 일주일에 두 차례, 하루에 한 시간씩 연습했다. 3개월이 지나자 메리는 더는 간질 발작을 일으키지 않았고 피드백 없이도(머리에 EEG 헬멧을 쓰지 않고도) 간질을 통제했다. 그 뒤 스터먼은 다른 환자 8명에게도 동일한 장치로 훈련을 시켰는데 이들의 간질 발작도 현격히 줄었다.

뉴로피드백의 작동 방식

이 선구적 연구들이 진행되고 40년이 흐른 지금, 뉴로피드백은 여러 곳에 적용되고 있다. 사용되는 기술은 두 가지다. EEG에 의한 뉴로피드백은 가장 널리 알려져 있고 제일 오래됐으며, 기능적 fMRI에 의한 뉴로피드백은 더 최근 기술이다.

EEG로 전기적 뇌파를 기록하면서 숙달하는 방법은 비교적 배우기 쉽지만, 이 기술은 공간 해상도*가 낮아 뇌의 '큰' 영역들만 제어할 수 있다. 한편 10년 전부터 사용되고 있는 fMRI는 EEG보다 공간 해상도가 월등히 높으며, 처음에는 시간 해상도가 낮았지만 이제는 거의 실시간으로 뇌 활동 영상을 만들어낼 수 있다. 이 기계는 신경세포들의 활동을 반영하는 뇌의 혈류 변화를 거의 밀리미터 단위로 기록한다. 고도의 컴퓨터 기술과 강력해진 자기장 덕분에 과학자들은 작은 뇌 영역들의 활동을 겨냥해 몇 초 간격으로 뉴로피드백을 실행할 수 있게 됐다.

어떤 기술을 사용하든 환자는 자신의 뇌 활동을 증감시키면서 제어하는 훈련을 한다. 이렇게 하기 위해서는 EEG나 fMRI로 기록된 신호가 그림이나 소리로 변환되어야 한다. 예를 들면 뇌 신호가 증가하거나 감소할 때 컴퓨터 화면에서 공이 위아래로 움직이는 식이다.

환자는 뇌 기능의 단순한 관찰을 넘어, 실시간으로 이루어지는 정보의 피드백을 이용해 뇌 영역들의 활동을 의도적으로 증감시킬 수 있는 정신적 전략을 계발하고 보완한다. 그리고 기억이나 감정

* 화면 또는 인쇄 등에서 이미지의 정밀도를 나타내는 지표 — 옮긴이.

을 떠올리거나 어떤 동작을 상상하면서 이것이 정신 상태에 어떤 효과를 불러일으키는지 뇌 활동 기록을 보면서 확인한다. 이렇게 해서 뇌 활동을 증감시키는 '생각'을 찾아내는 것이다. 일반적으로 2~3일 간격으로 30분씩 수십 차례 훈련하면 뇌를 길들일 수 있다.

많은 환자의 증상을 완화해주는 뉴로피드백

뉴로피드백이 주는 이득은 분명하다. 정신과 뇌의 연결에 대한 확실한 인식은, 질병의 여부를 떠나 다양한 건강 상태에서 자기 조절을 할 수 있게 해준다. 환자는 장기간에 걸쳐 뇌 기능을 의도적으로 변화시킨다. 정형외과에서 하는 재활 훈련과 비슷한 방법으로 뇌 재활 훈련을 하는 것이다.

뉴로피드백이 적용될 수 있는 분야로는 먼저 간질 치료가 있다. 간질 환자 가운데 약 3분의 1이 효과적인 치료를 받지 못하고 있다. 이 환자들은 약에 대한 내성 때문에 종종 오롯이 혼자 병을 감당하곤 한다. 따라서 보완적 치료법의 도움이 절실하다. EEG 감각운동 리듬파의 강도를 높여 간질 발작 빈도를 줄이는 뉴로피드백 효과는 스터먼 이후 수십 건에 이르는 연구를 통해 확인됐다.

1996년에 독일 튀빙겐 대학교의 닐스 비르바우머Niels Birbaumer는 뇌의 전반적 자극반응성과 관련 있는 느린 뇌파를 조절하는 치료법을 새로이 제안했다. 이 뇌파를 줄이자 환자 가운데 약 3분의 2에서 피질의 과잉 민감성이 감소했고, 그 결과 간질 발작이 줄었다. 그리고 6개월 동안 효과가 지속됐다. 환자 243명을 조사한 최근 한 메타 분석에 따르면, 뉴로피드백으로 치료한 환자 가운데 82%에게서 간질 발작이 50% 이상 감소한 것으로 확인됐다.

뉴로피드백이 적용될 수 있는 또 하나의 영역은 통증 치료다. 통증은 환자마다 약에 대한 반응이 달라 적절한 약을 찾기 어려울 때가 많다. 많은 치료법이 효과 없거나 부작용을 일으킨다. 따라서 뉴로피드백은 흥미로운 대안이라고 할 수 있는데, 미국 스탠퍼드 대학교의 크리스토퍼 드샤름Christopher deCharms은 실제로 이것을 입증했다. 그는 건강한 사람들과 만성 통증 환자들을 대상으로, 통각에 관여하는 작은 뇌 영역인 전측 대상회피질의 활동을 조절해 통증 감각을 줄이게 했다.

이 실험 참여자들은 fMRI를 통해 실시간으로 기록되는 전측 대상회피질의 활동을 컴퓨터 화면을 보면서 따라갔다. 뇌파의 강도는 그림으로 표현됐다. '아무것도 하지 마세요', '증가시키세요', '감소시키세요' 같은 간단한 지시에 따라 이들은 뇌 활동을 조절하는 법을 배웠다. 정신적 전략은 제각기 달랐다. 이를테면 친구를 생각하거나 눈송이를 생각하는 식이었다. 이어서 드샤름은 건강한 실험 참여자들의 손에 뜨거운 전극을 대고 통증이 느껴지는 정도를 평가하게 했다(만성 통증 환자들의 경우에는 이 자극을 뚜렷하게 느끼지 못했다).

세 차례 훈련으로 모든 실험 참여자가 자신의 전측 대상회피질을 제어할 수 있었고, 그래서 이곳의 활동을 감소시켰더니 통증이 줄어들었다. 얼마 전 드샤름은 캘리포니아에서 생명공학학회를 창설했다. 앞으로 임상 치료에 이 치료법이 활용되기를 기대한다.

주의력 개선과 감정 관리

그 밖에도 뉴로피드백은 경우에 따라 과잉 행동 장애가 수반되기도 하는 주의력 결핍 장애 치료에 특히 유용하다. 집중력에 문제가 있거나, 지나치게 활동적이어서 한 활동에서 다른 활동으로 쉬지 않고 이행하는 아이들은 많은 경우 주의력 결핍 장애가 있다. 이 장애는 학교에 입학하면서 분명하게 드러난다. 이런 아이들은 한자리에 가만히 있는 법이 없고 몇 초 이상 주의를 집중하지 못한다. 프랑스에서는 만 4세에서 18세 사이 아동·청소년 가운데 5~12%가 주의력 결핍 장애를 앓고 있다.

현재 아동·청소년 심리 상담의 가장 중요한 동기가 바로 이 장애다. 일반적으로 소아과 의사는 이런 아이에게 리탈린ritaline이나 콘서타concerta 같은 약을 처방한다. 하지만 뉴로피드백은 약을 대신할 수 있으며 부작용도 없다.

1976년에 테네시 대학교의 심리학자 조엘 루바Joel Lubar가 처음으로 이것을 시도했다. 그는 과잉 행동 장애 증상을 보이는 만 11세 아이에게 EEG를 이용한 뉴로피드백을 가르쳤다. 7개월 동안 매일 감각운동 리듬파의 전기적 활동을 증가시키는 훈련을 한 결과, 아이의 뇌 과잉 민감성이 감소했다. 이렇게 해서 아이는 더 차분해졌고, 학교생활과 사회활동을 집중해서 할 수 있게 되었다. 2009년에 1,194명의 환자를 연구한 메타 분석은 뉴로피드백의 임상적 효과, 즉 뉴로피드백이 과잉 행동성이나 충동성을 현격히 감소시키고 주의력을 개선하는 효과가 있다는 사실을 확인해주었다.

뉴로피드백이 적용될 수 있는 마지막 분야는 감정 조절이다. 많은 연구 가운데 비르바우머의 연구가 가장 혁신적이다. 그는 실시간 fMRI를 기반으로 실험 참여자들에게, 뇌의 측두엽 깊은 곳이 위치한 작은 영역인 섬엽의 활동성을 조절하게 했다. 섬엽은 자신과 타인의 감정을 인식하는 데 핵심적 역할을 한다. 피실험자들은 이를테면 아팠던 일이나 바닷가에서 보낸 휴가 같은 불쾌하거나 즐거웠던 경험들을 생각했다. 실험 결과, 30분씩 다섯 번의 훈련만에 피실험자들은 공격적인 표정, 사고, 범죄 등의 사진이나 영상에 대해 부정적인 감정을 더 민감하게 느낀 것으로 확인됐다. 섬엽은 뉴로피드백에 의해 활성화됐을 때 부정적 자극에 더 많이 '놀랐다'.

이것은 상당히 흥미로운 결과가 아닐 수 없다. 어떤 사람들은 감정을 잘 통제하지 못한다. 사회 공포증 경향이 있는 사람들은 섬

엽의 과잉 민감성 때문에 사람들 앞에서 지나치게 예민해진다. 반대로 어떤 사람들은 타인의 감정을 인식하지 못하고 그 때문에 공감 부재로 종종 공격적인 행동을 하게 된다. 두려움과 연관된 뇌 영역들에 기능 장애가 있는 사이코패스들이 그런 경우다. 특히 이들은 슬퍼하는 사람 앞에서 섬엽이 활성화되지 않아 그 사람의 고통을 느끼지 못한다. 비르바우머는 이런 사람들에게 새 치료법을 적용해, 뉴로피드백으로 섬엽의 활동을 복원하도록 가르쳤다. 첫 번째 결과는 긍정적인 방향으로 가는 것처럼 보인다. 여러 차례 훈련하자 이들이 자신과 타인의 두려움에 대해 훨씬 민감해졌기 때문이다.

프랑스의 상황

뉴로피드백의 적용은 매우 희망적이지만 지금으로선 초보 단계이고 과학적 결과물이 부족하기 때문에 비판적인 시각을 유지해야 하는 것은 당연하다. 아직은 많은 연구가 필요하다. 또 명심할 사실은, 뉴로피드백이 환자의 완치를 지향하지는 않는다는 점이다. 그보다는 환자의 증상을 완화시켜 삶의 질을 개선하는 데 주안점을 둔다. 뉴로피드백의 특징은, 환자가 치료에 직접 참여해서 자신의 신경계 장애를 두려워하는 대신 관찰하고 여기에 친숙해짐으로써 장애를 잘 조절하는 것이다. 따라서 이 치료법은 오랫동안 약의 부작용에 시달려온 환자들이 자신의 삶을 스스로 책임질 수 있게 도와준다.

특히 미국과 독일을 비롯한 여러 나라에서는 뉴로피드백이 과학적으로나 의학적으로 상당히 발전했다. 하지만 프랑스에서는 이것을 선뜻 적용하려고 하지 않는다. 뇌 과학자들이 개발했다고 하는 뉴롭티말Neuroptimal이라는 장치가 1980년대부터 무분별하게 보급되는 바람에 이 치료법이 신뢰를 잃었기 때문이다. 실제로 뉴로피드백을 활용한다고 말하는 프랑스 치료사들은 대부분 이 장치를 사용하고 있다.

이들은 이 장치를 통해 환자에게 음악을 들려준다. 이 장치에는 환자의 뇌 활동을 기록한다는 전극 두 개가 부착돼 있고, 모종의 연산 방식을 통해 뭔가가 감지되면 음악이 중단된다. 환자는 긴장을 풀고 아무것도 하지 않는다. 이 장치를 옹호하는 사람들의 말에 따르면, 뇌는 스스로 개조되기 때문이다.

이 장치의 효과를 입증한 과학적 연구가 없는데도 의료용품의 정상적 유통 통로 밖에서, 예를 들면 인터넷을 통해 환자나 환자 가족들에게 퍼지고 있다. 이런 일탈을 막기 위해서는 프랑스도 미국처럼 (제대로 된) 뉴로피드백 치료사 단체를 설립해서 뉴로피드백의 의학적 적용에 대한 엄격하고 독립적인 전문성을 유지해야 한다.

뉴로피드백은 기적적인 해결책도 아니고 쉬운 해결책도 아니기 때문에 더 그렇다. 다른 정신 신체 요법들처럼 뉴로피드백도 장기간에 걸쳐 점진적으로 훈련해야 하며 환자가 훈련에 직접 참여해야 한다.

최근 집에서 간편하게 사용할 수 있는 저가형 휴대용 뉴로피드백 장치가 개발됐다. 그 덕분에 환자는 명상 같은 다른 기법들과 뉴로피드백 기법을 병행할 수 있게 되었다. 그래서 가능성이 더 커졌다. 환자가 생리적 요소들의 조절에 관여하는 뇌의 감각들을 감지할 수 있다면 장치의 도움 없이도 이것들을 제어할 수 있기 때문이다.

따라서 뉴로피드백은 단순히 기발한 장치가 아니라, 전통적으로 행해왔던 정신 훈련을 보조해줄 수 있다. '정신과 몸의 조화'는 틀림없이 가능해질 것이다…….

06 최면 요법의 무한한 가능성

장 벡시오 & 브뤼노 쉬아레

최면은 통증을 가라앉히고 스트레스를 낮추며 약 복용을 줄이는 등 다방면으로 활용된다. 이 요법은 주로 보조적으로 사용되지만 많은 환자에게 효과가 있다.

나탈리는 스무 살 때부터 담배를 피웠다. 여러 번 담배를 끊어봤지만 실패했다. 금연을 시도할 때마다 그녀는 매번 기분이 저하돼 주변 사람들과 마찰을 빚고 스트레스를 받곤 했다. 그런데 친구가 직접 효과를 봤다면서 최면을 권유했다. 나탈리도 '못할 것 없지'라고 생각했다. '어차피 여기서 더 나빠질 것도 없는데.' 하지만 다른 사람이 머릿속에 들어와 생각을 조종할까봐 두려웠다. 최면은 남이 나를 자기 마음대로 부리는 것일까?

최면에 대한 이런 일반적인 생각은 실제와 큰 괴리가 있다. 최면에 들어간다는 것은 의식을 잃는다는 의미가 아니다. 물론 뇌 상태가 변하기는 하지만 언제든 최면에서 '나올' 수 있다. 오늘날 최면은 의학적으로 다양하게 적용되고 있다. 그동안 최면에 대한 학문적 연구는 거의 없었는데 몇 년 전부터 관련 논문 수가 계속 늘고 질도 나날이 좋아지고 있다. 연구 논문 데이터베이스인 메드라인Medline에서 펍메드PubMed*로 검색되는 관련 논문만 1만 3,000편이 넘는다.

새로운 치료법

대부분의 나라에서 최면은 현재 의료보험에 적용되지 않는 상황이지만 상당히 흥미로운 치료법이라고 생각된다. 물론 나름의 한계가 있긴 하지만, 다른 치료법과 병행하면 결과가 좋을 때가 많다. 그래서 약도 덜 쓰게 된다.

신경정신의학 분야에서 프랑스 피티에살페트리에르 병원 의료진이 최면 역사상 큰 기여를 하긴 했지만 프랑스에서 최면에 대한 연구는 거의 찾아보기 힘들다. 1998년에 와서야 비로소 이 병원의 정신과에서 최면 치료가 시작됐다. 우리가 최면 치료를 적극적으로 권장했는데도 처음 몇 년 동안 정신과 의사들은 우리에게 히스테리

* 메드라인은 의학 정보를 제공하는 온라인 데이터베이스이고 펍메드는 여기에 딸린 무료 검색 엔진이다—옮긴이.

환자들만 보냈다……. 최면의 역사는 이렇게 짧다!

최면의 적용 영역은 점진적으로 확대되는 중이다. 여러 나라의 임상 연구에 따르면, 최면은 '반응성' (예를 들어 가까운 사람의 죽음을 겪은 뒤에 찾아오는) 우울증이나 불안에 효과가 있다. 불면증의 경우에도 수면제의 대안이 될 수 있다.

폐소공포증의 극복

최면은 공포증에도 효과가 있다. 호주 애들레이드 병원의 마취과 과장인 앨런 사이나Allan Cyna는 주사에 공포증이 있던 만 5세 아동의 사례를 보고했다. 이 아이는 최면으로 공포를 이겨냈고, 그 덕분에 주사를 맞을 때마다 필수적으로 선행됐던 마취를 피할 수 있었다.

통제 불가능한 다른 공포도 최면으로 치료할 수 있다. 폐소공포증이 바로 그것이다. 사람들 중에 MRI 기계 안에 들어갈 때 공포증 발작을 일으켜 어쩔 수 없이 검사를 중단하는 경우가 있다. 이 때문에 프랑스의 티에방사선센터에서는 2010년부터 폐소공포증 환자를 대상으로 최면 치료를 해왔다. 최면은 검사실에서 환자가 옷을 벗고 스캐너 위로 올라가 누운 상태에서 실시된다. 최면이 시작되면 환자는 15분간 기계 속에서 즐거운 기억을 떠올린다.

우리는 심각한 폐소공포증 환자 52명에게 이런 식으로 최면 요법을 썼다(이 가운데 7명은 과거 기계 속에서 극도의 불안을 경험한 적이 있었다). 그런 뒤 검사가 진행됐고 이 가운데 48명은 정상적으로 MRI 검사를 마칠 수 있었다. 다시 말해 최면은 환자 92%에게 효과가 있었고, 이 결과는 최면이 병적 불안을 극복하는 데 매우 뛰어나다는 것을 의미한다.

게다가 최면은 아동과 성인의 편두통을 효과적으로 치료한다.

최면이란?

사람들은 최면이 잠과 비슷하다거나 정신을 조종한다거나 돈을 벌기 위해 꾸미는 속임수라고 말한다. 몇몇 통설은 역사적 근거가 있고, 어떤 것들은 전혀 엉뚱한 얘기다. 사실상 최면은 의식의 특별한 작동 원리이며, 우리 모두 갖고 있는 선천적 능력이다. 어떤 사람은 이 능력이 매우 발달해 있고(사람 중 약 10%는 최면의 대가다), 인구의 80%는 최소한의 능력을 갖고 있으며, 10%는 최면에 거의 반응하지 않는다. 1994년 미국 심리학회 집행위원회는 최면을 다음과 같이 정의했다. "최면은 의료인이나 연구자가 환자에게 변화된 감각, 지각, 사고, 행동을 실천하거나 경험하도록 암시를 주는 방법이다."

최면은 주변 환경에 대한 의식을 멈추고 '내면에 몰두'하면서 고도로 주의를 집중하는 상태라고 하겠다. 최면 과정은 몰두, 분리, 피암시성이라는 세 요소로 구성돼 있다. 몰두는 상상적 경험에 완전히 몰입하는 능력이다. 분리는 일반적으로 짝을 이뤄 움직이는, 행동과 정신이 나뉘는 것이다. 꿈이 이런 경우인데, 꿈에서 우리는 행동의 주체이자 관찰자가 된다. 이와 같은 분리 상태는 종종 운동신경을 통제할 수 없거나 신체 일부의 감각이 단절된 듯한 느낌을 야기한다. 피암시성은 최면을 실행하는 전문가의 지시를 받아들이는 능력이다.

M. E. 페이몬빌 & A. 반하우덴후이즈,
벨기에 리에주 대학병원, 조류학*藻類學·완화치료과

* 원생생물 가운데 조류로 분류되는 생물군을 연구하는 학문 — 옮긴이.

미국 미니애폴리스 병원의 소아과 의사 대니얼 코언Daniel Kohen은 편두통을 앓는 아이들에게 자기 최면을 가르친다. 몇 차례만 훈련받으면 아이들은 자기 자신에게 최면을 걸 수 있다. 2007년 연구에 따르면, 이렇게 치료받은 아이 144명은 편두통 발생 빈도가 4분의 1, 강도가 2분의 1, 지속 시간이 6분의 1로 감소했다.

틱과의 작별

최면으로 치료하는 또 다른 질환은 틱이다. 이것은 과거에 무도병으로 불렸는데, 통제되지 않는 심한 운동신경 경련이 특징이다. 조르주 질 드 라 투레트Georges Gilles de la Tourette가 1885년에 보고한 이후 이 증후군을 투레트 증후군이라고 한다. 이 질환은 어린이 100명 가운데 1명꼴로 걸린다. 원인은 불명확하며 약은 거의, 심하게 말하면 전혀 없다.

2010년에 미국 클리블랜드 어린이병원의 소아과 의사 제프리 라자루스Jeffrey Lazarus는 투레트 증후군을 앓는 어린이 37명에게 최면 치료를 했다. 그랬더니 세 차례 최면 치료 만에 아이 가운데 96%가 과거에 그들에게 장애가 됐던 비정상적 움직임을 통제했다. 정말 놀라운 결과가 아닐 수 없다!

최면은 특정한 형태의 간질도 치료한다. 간질 발작으로 병원을 찾는 아이 가운데 약 4분의 1은 사실 '가성假性 발작'에 해당한다. 이 경우 간질 치료는 효과가 없고 맞지도 않다. 2008년에 스탠퍼드 대학교의 소아신경과 의사 도널드 올슨Donald Olson은 최면이 간질 발작에는 효과가 없지만 가성 발작의 비정상적 운동은 사라지게 할 수 있다는 사실을 입증했다. 또 그가 확인한 바에 따르면, 최면은 발작이 시작되는 것도 막아준다!

그 밖에도 최면은 다발성 경화증이나 척수 손상 같은 몇몇 신경계 질환의 고통도 완화시킨다. 근위축성 측색 경화증은 신경이 급속하게 퇴화해 결국에는 근육이 마비되는 질환인데, 최근 발표된 한 연구는 최면이 이 환자들에게 효과 있다는 사실을 입증했다. 근위축성 측색 경화증과 다발성 경화증 환자가 자기 최면을 사용하면 삶의 마지막 시기를 더 편안하게 보낼 수 있다는 것은 우리도 임상에서 이미 확인한 사실이다.

고통의 순화

통증 치료는 최면의 효과가 과학적으로 가장 확실하게 확인된 분야다. 뇌 영상을 이용한 여러 연구에 따르면, 최면은 통증에 관여하는 중요한 뇌 영역들의 활동을 감소시킨다(다음에 소개하는 도식 참고). 최면 상태에서 환자들에게 무통각無痛覺을 암시하면 이들은 덜 고통스러워한다! 어떤 통증은, 특히 만성으로 갈 때 빈도가 잦고 잘 가라앉지 않는다. 류머티즘 통증이 바로 그런 경우다. 하지만 류머티즘 전문의들이 최면을 배우기 시작한 지는 겨우 10여 년밖에 되지 않았다.

네덜란드의 휘프 하넌Huub Haanen 연구 팀은 1991년에 섬유근육통(만성적인 근골격계 통증)에 최면을 사용할 수 있다는 사실을 밝혀냈다. 최면 치료를 받은 환자들은 진통제 복용을 40~60% 줄였다. 운동기관의 만성 염증 질환에 대한 자기 최면 효과도 우리의 임상 경험을 통해 입증됐다.

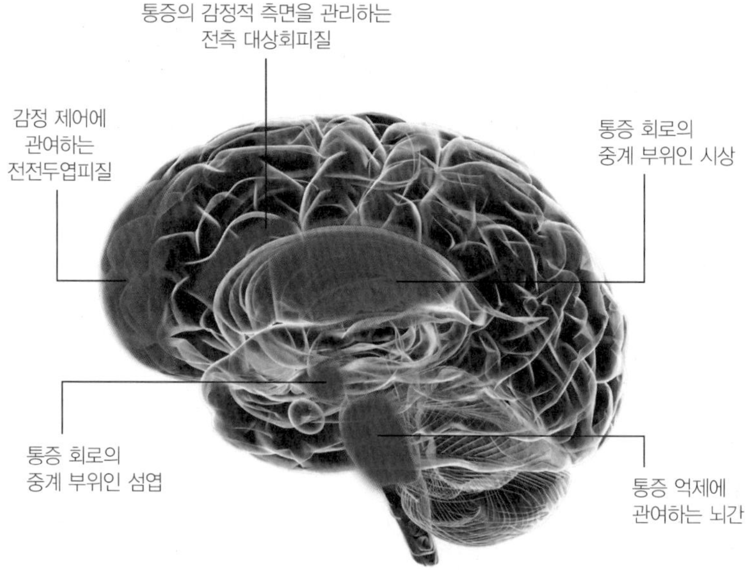

최면 상태는 자극에 대한 통증적, 감각적, 정서적 지각에 관여하는 이런 다양한 피질·피질하 영역들의 활동을 변화시킨다.

최면은 극심한 통증도 완화시켜준다. 심한 화상 환자들은 붕대를 갈 때 특히 고통스러워한다. 모르핀을 최대로 투약해도 고통이 가라앉지 않는다. 환자의 경우 통증에 대한 두려움과 스트레스와 예기 불안은 극도로 심각하며, 이것은 치료사도 마찬가지다. 이 때문에 최면 요법을 쓰면 더 나은 조건에서 화상 치료를 할 수 있다.

최면 요법을 가상현실과 병행하는 것도 가능하다. 이것은 시애틀 병원의 의사 데이비드 패터슨David Patterson이 제안한 방법이다. 그는 최면 요법으로 환자를 치료하면서, 환자에게 가상현실용 안경을 씌우고 짧은 영상을 보여줬다. 의료진이 붕대를 갈아주는 동안, 환자는 빙산과 눈사람이 있는 자연 속에서 가상 산책을 하며 통증을 훨씬 수월하게 견뎌냈다.

최면은 불안과 통증에 효과가 있기 때문에 수술실과 회복실에서도 활용된다. 가벼운 수술의 경우(갑상선이나 유방 수술) 마취 의사들은 '최면무통'을 이용하고 마취제를 보조적으로만 쓴다. 이렇게 하면 진통제를 덜 사용해 수술합병증도 방지하고 삽관으로 인한 구역질과 구토도 줄어든다. 게다가 수술의 고통이 덜하고 입원 기간이 단축되며 수술비도 적게 든다. 의료진도 이런 조건이 일하기에 더 좋다고 말한다.

이어서 암과 시한부 환자에게는 최면이 어떻게 쓰일 수 있는지 살펴보자. 옥스퍼드 대학교의 기 몽고메리Guy Montgomery는 유방절제수술을 앞둔 여성 유방암 환자 400명을 대상으로 실험을 했다.

그 결과, 수술 전에 최면을 받은 환자들이 최면을 받지 않은 환자들보다 신체적·심리적으로 더 편안해하고 수술 경과도 더 좋다는 사실을 밝혀냈다. 대조군과 비교해 불안함, 편안함, 통증, 구토증 수치가 50% 이상 개선됐다.

종양학에서는 완화 치료, 다시 말해 환자들의 고통을 덜어주고 환자의 동반자가 되어주는 치료가 또한 중요하다. 최면은 20여 년 전부터 이 분야에서 요긴하게 쓰이고 있다. 우리는 환자 앞에서 낱말 선택에 신중을 기해, 통증이나 괴로움 또는 불편함에 대한 언급을 되도록 삼간다. 의미상으로 통증을 강화할 가능성이 있는 표현을 피하고, 마음을 편안하게 유도하는 언어를 은근하게 구사할 필요가 있다. 치료사는 환자와 대화할 때 최면을 활성화하는 낱말, 은유, 표현을 사용하고 최면을 억제하는 말은 피한다. 이와 같은 언어 사용과 대화를 활용한 최면은 환자에게 심각한 질환을 알릴 때도 꼭 필요한 의사소통 도구다.

최면으로 완화시킬 수 있는 또 하나의 통증으로 과민 대장 증후군이 있다. 이 질환은 원인이 불명확할 때가 많다. 최면으로 치료받은 과민 대장 증후군 환자들은 약효가 가장 좋은 약으로 치료받은 과민 대장 증후군 환자들보다 더 좋은 결과를 보인다. 2007년에 오슬로 대학교의 라르스 오바센Lars Aabakken은 어린아이들에게 복통이 생겼을 때 최면 요법을 쓰면 81%가 통증이 가라앉는 반면에 약을 복용하면 그 비율이 25%에 불과하다는 사실을 밝혀냈다. 그 밖의 다른 장 질환에 대한 최면 효과는 아직 평가 중이다.

더 나아가 최면은 스트레스 같은 다양한 심리적 문제도 완화해준다. 시험이 다가오면 학생들은 스트레스를 피할 수 없다. 우리는 파리6 대학교의 의과대학생들을 대상으로 자기 최면 수업을 진행했는데, 이들의 불안을 가라앉히고 시험에서 좋은 성적을 거두는 효과가 있었다.

운동선수 중에도 스트레스 관리, 동기 유발, 자세 교정에 최면을 사용하는 이가 많다. 지난 30년 동안 프랑스에서는 4,000명에 이르는 일반의사가 최면 요법을 배웠다. 이들은 최면 요법을 배우면서 특히 신경불안증 환자에 대한 치료 방식을 바꾸었다. 환자가 자신의 불안감을 얘기하고 신경불안증으로 인한 일련의 반응을 설명하면, 의사는 환자의 말을 경청한 뒤 자기 최면 훈련을 시킨다. 자기 최면은 어렵지도 않고 항불안제 부작용도 없다.

편안한 분만

학생과 운동선수의 경우에는 스트레스가 긍정적인 자극제가 될 수 있지만, 반대로 어떤 스트레스들은 행복한 순간을 충분히 누릴 수 없게 만들고(분만) 별로 위험하지 않은 상황을 악몽으로 바꾼다(치과 진료).

1889년에 산티아고 라몬 이 카할Santiago Ramon y Cajal이라는 스페인의 젊은 의사가 최면 상태에서의 무통 분만 사례를 보고했다. 산모는 자신의 아내였는데, 이 논문은 별다른 관심을 끌지 못했다. 그 뒤 라몬 이 카할은 뇌 연구로 세계적 인정을 받았고, 신경세포를 발견한 공로로 1904년에 노벨 생리의학상을 수상했다.

그 뒤 1930년대 러시아에서 이반 파블로프Ivan Pavlov와 블라디미르 베흐테레프Vladimir Bekhterev의 제자들이 최면에 근거해서 무통 분만법을 개발했다. 이 기법은 파리에서 의사로 일했던 페르낭 라마즈Fernand Lamaze에 의해 1954년 프랑스에 도입됐고, 그 뒤 미국에서 라마즈 분만법이라는 이름으로 발전했다. 현재 최면은 임신한 여성이 분만의 두려움을 가라앉히고 출산을 잘 준비할 수 있게 돕는 수단으로 쓰이고 있다. 또한 최면을 사용하면 최적의 조건에서 경막외마취*를 할 수 있고 진통제량도 줄일 수 있다. 게다가 임신 초기에 종종 나타나는 구토증을 막는 데도 효과가 있다. 그러나 분만 시간이나 제왕절개 수술 비율에는 최면이 영향을 주지 못하는 것으로 보인다.

2006년에 이스라엘 브엘세바 병원의 산부인과 의사 엘리아후 레비타스Eliahu Levitas는 시험관에서 수정된 배아를 자궁에 착상시킬 때 최면 요법을 쓰면 출산율이 높아진다는 사실을 밝혀냈다. 틀림

* 주로 하반신 마취에 사용되는 국소 마취법 —옮긴이.

없이 이것은 이식으로 인해 발생하는 자궁 수축 빈도가 감소하기 때문일 것이다.

치과가 무섭지 않다!

그렇다면 '치과 공포'는 어떨까? 치과는 생각만 해도 무섭다……. 펜실베이니아 대학교의 에드워드 매케이Edward Mackay는 2010년에 발표한 연구에서, 사랑니 발치 수술을 앞둔 사람들에게 헤드폰을 이용해 최면을 걸었다. 실험 대조군은 음악을 들었다. 매케이가 확인한 바에 따르면, 최면 요법을 받은 집단은 마취제를 덜 사용했고 수술 후 통증이 더 약했으며 진통제도 덜 먹었다.

최면은 치과 치료에 대한 공포증을 완화시키고 최적의 조건에서 치료와 발치가 이루어질 수 있게 도와준다. 최면을 배워 치료에 이용하는 치과의사들은 계속 늘어나고 있다.

최면의 의학적 적용은 이것으로 끝나지 않는다. 1950년대 러시아와 영국에서는 피부과 의사들이 최면을 활용하기 시작했다. 몇몇 피부 질환은 심리적 문제와 결부돼 있고, 반대로 정신 질환도 종종 피부 질환을 동반할 때가 있다. 이런 질환에 걸린 환자들은 암시에 특히 민감하다. 무사마귀의 경우 최면은 재발을 줄이고 더 나아가 이것을 완치시킬 수도 있다.

최면에 대한 조사

최면은 여러 분야에서 활용되지만 용례가 상당히 이질적이고 의료계에서는 최면 교육을 인정하지 않고 있어 누구나 자칭 최면술사라고 말할 수 있다. 그렇다면 최면의 진짜 모습은 무엇일까?

프랑스 보건부는 국민보건역학연구소 연구자들에게 최면의 실제 효과에 대한 평가를 의뢰했다. 쥘리에트 게겐Juliette Gueguen, 캐럴라인 배리Caroline Barry, 크리스틴 해슬러Christine Hassler, 브뤼노 팔리사르Bruno Falissard가 조사에 착수해 2015년에 결과를 발표했다. 약이나 치료의 효과를 조사하기 위해서는 그것들에 대해 확률화된 임상시험을 한다. 대규모 집단을 대상으로 동일한 통제 조건에서 그것들의 효과를 플라세보(비활성 분자) 효과 그리고 무無처지 효과와 비교하는 것이다. 최면 같은 보완 의학 요법도 여기에서 벗어나지 않는다. 이 원칙에 따라 연구자들은 (총 30건의 실험에 대한) 코크런의 검토서 6편과, 피실험자 100명 이상을 대상으로 이루어진 무작위 대조 실험 16건의 최면에 대한 '믿을 만한' 결과들을 분석했다. 쥘리에트 게겐은 "우리는 통계적으로 이용가능하고 과학적으로 유효성을 인정받은 대규모 연구들만 고려했다"고 확실하게 밝히고 있다.

이렇게 분석한 결과, 최면은 과민 대장 증후군을 치료하고 다양한 외과 수술(사랑니 발치, 유방조직검사, 낙태 등)에서 진통제와 진정제의 투약을 줄이는 데 통계적이고 과학적으로 효과가 있는 것으로 나타났다. 이 연구는 최면이 안전하고 그로 인한 어떤 부작용도 없는 것으로 보이며, 부작용이 있다고 해도 매우 미미하다고 결론 내렸다.

우리는 과연 제대로 평가하고 있을까?

반면 그 밖의 최면 치료에 대해서는 어떤 결론도 내리지 않았다. 충분한 증거가 없기 때문이었다. 무통 분만, 우울증, 금연, 공포증, 치과 치료, 조현병 등 많은 분야에서 최면이 효과적이라는 사실을 뒷받침해줄 증거 자료는 없다. 하지만 소수의 환자를 대상으로 진행된 과학 연구, 환자, 치료자는 최면의 효과를 증언하고 있다. 뭐가 문제일까? 바로 방법론이다.

전통적인 임상 실험은 환자의 감정적 체험을 고려하지 않는다. 이것이 어떤 체험이 됐든, 과학적 평가 기준으로는 '잡히지' 않는 효과인 것이다.

브뤼노 팔리사르는 묻는다. "내가 보기에 확률화된 조사가 모든 의술에 적합한 것은 아닌 것 같다. 치료를 평가하는 데 있어서 사회적·인간적 측면을 추가해야 하지 않을까? 사람들에게 어떻게 느끼는지 물어야 하지 않을까?" 진정제와 항우울제의 용량을 늘릴까, 아니면 한 주에 두 차례 최면을 처방할까? 만약 환자가 동일한 효과를 보고한다면 왜 약은 의료보험이 되는데 최면 요법은 안 되는가? "의학은 신음 소리에 대답하는 것이다. 신음 소리가 사라졌다면 일을 제대로 했다는 얘기 아닐까?" 하고 브뤼노 팔리사르는 결론 내린다. 이것은 앞으로 지켜봐야 할 문제다.

베네딕트 살툰라살,

『세르보 & 프시코Cerveau & Psycho』 부편집장

기적의 치료법일까?

브뤼셀 병원의 피부과 의사인 리아 빌렘센Ria Willemsen과 요한 반 데르린덴Johan Vanderlinden은 자가면역으로 인한 탈모증으로 머리카락·눈썹·속눈썹이 빠진 환자 21명을 치료했다. 이들은 어떤 치료법에도 반응이 없는 환자들이었다. 그런데 최면 요법을 쓴 결과, 이 가운데 12명(57%)은 머리카락이 다시 자랐고, 모든 환자의 심리적 문제(우울증, 불안, 스트레스)가 완화됐다.

최면 요법은 성인과 아동의 아토피 피부염(습진)도 개선한다. 또 2003년에 영국의 존 그뤼즐리어John Gruzelier와 미국의 호마 자디 d'Homa Zadeh 연구 팀은 최면이 면역계의 방어 활동을 자극한다는 사실을 입증했다.

이 보완 요법의 한계는 어디일까? 의사로서 우리는 일찍이 접해보지 못한 상황을 맞고 있다. 이 옛날 요법은 오랫동안 음지에 있었고 비난을 받기까지 했으며 아직 철저한 임상 시험이 이뤄지지 않은 상태다. 최면의 작동 원리에 대해서도 우리는 정확히 이해하지 못하고 있다. 그러나 임상의들은 이미 오래전부터 최면 효과를 인정해왔고, 많은 과학 논문에 의해 효과가 확인되고 있다. 게다가 최면 요법은 비용이 거의 들지 않고 부작용도 없다.

최면은 지금까지 언급했던 분야들을 포함해 앞으로 점점 더 많은 분야에서 활용될 것이다. 특히 중독이 여기에 해당한다. 한 예로 최근 연구들에 따르면, 최면은 니코틴 대용품들보다 금연에 더 효과적이다. 따라서 나탈리는 최면 요법에서 많은 이득을 얻을 수 있다. 최면으로 머릿속 생각들이 엉클어질 위험은 없다. 그녀는 담배에 덜 의존하고 더 나아가 담배를 완전히 끊을 확률이 매우 높다.

07 안구운동으로 정신적 외상을 극복하다

에티엔 비네 & 마르틴 이라칸

폭행이나 사고로 인한 정신적 충격은 어떻게 '소화'해야 할까? 괴로운 장면을 다시 떠올리면서 눈동자를 움직이는 EMDR 요법은 탁월한 효과가 있다.

EMDREye Movement Desensitization and Reprocessing(정보의 탈감각과 재처리를 위한 안구운동)은 감정적 혼란을 일으키는 정신적 외상을 치료하는 심리 요법으로, 15년 전부터 프랑스에서 주목받고 있다. 뇌가 사건에 압도당해 그 정보들을 '소화'하지 못할 때 이것을 외상 후 스트레스 증후군이라고 부른다. 이 장애는 인생의 한 시기에 6명에 1명꼴로 경험하며 신체적·정신적 외상의 희생자나 그의 가족과 지인들에게서 발생한다. 원인은 다양하다. 강간, 사고, 범죄, 신체적·정신적 폭행, 죽음, 이별, 심각한 질환…….

L 부인도 이런 경험을 했다. "4년 전 남편이 운전자의 부주의로

차에 치여 세상을 떠났어요. 충격을 이겨내려고 정신과에도 다니며 시간과 노력을 많이 들였죠. 딸을 위해, 가까운 사람들을 위해, 또 나 자신을 위해 다시 기운을 차리고 살아보려고요. 오래 걸리긴 했지만, 남은 인생을 같이 보낼 거라고 믿었던 사람과의 이별을 이겨냈죠. 그러다가 어떤 남자랑 사귀게 됐는데 몇 달 뒤 떠나버렸어요. 다시 버림받자 내 안에서 영원히 사라진 줄 알았던 증상이 되살아나는 거예요. 정신과 의사와 상담을 해도 전혀 진척이 없었어요……."

정신적 외상의 치료

충격적인 사건을 겪고 나면 몇 달 동안(종종 몇 년 동안) 사건에 대한 또렷한 기억과 극도의 불안이 주기적으로 환자를 엄습한다. 이런 기억은 일련의 감정적·신체적 현상을 동반하면서 느닷없이 떠오르곤 한다. 주변의 사소한 것들이 사건의 상황을 환기시키면서 자꾸만 기억을 되살려내는 것이다. 이들은 언제 어디서 기억이 되살아날지 몰라 하루하루가 괴롭다. 그래서 자신의 본모습을 잃고 방황한다.

이런 사람들을 돕기 위해 다양한 방법이 사용되고 있는데 EMDR도 그중 하나다. L 부인은 이렇게 말한다. "EMDR에 대해 들은 적이 있고 추천받은 치료사의 주소도 마침 가지고 있었어요. (…) 2주 간격으로 1시간 30분씩 네 차례 치료를 받자 효과가 나타났죠. 다시 잠을 제대로 자고, 남편이 불쑥 떠오르는 일도 사라지고, 마음이 정말 편안해졌어요. 마치 마음 깊숙한 곳에 묻혀 있던 슬픔의 돌덩어리가 녹아 없어진 것 같아요."

EMDR은 어떤 방식으로 이뤄질까? 치료사는 환자에게 괴로운 기억들을 의식으로 다시 떠올려 부정적인 감정들을 풀어놓게 한다. 그와 동시에 환자 눈앞에서 손을 좌우로 번갈아 움직이면서 환자가 눈으로 손을 따라가게 한다. 이렇게 하는 목적은 좌뇌와 우뇌를 교대로 활성화시키기 위해서다. 시각적 움직임이 효과가 없으면 촉각적 자극이나 청각적 자극도 사용한다. 이를테면 신호음을 오른쪽 귀와 왼쪽 귀에 차례로 들려준다거나 양 무릎(또는 팔)을 차례로 가볍게 건드리는 식이다.

이 양쪽 자극은 기억의 외상성 영향을 약화시켜 뇌가 기억과 연결된 감정들을 처리할 수 있게 돕는다. 14년 전 프랑스에 이 기법을 알린 정신의학자 다비드 세르방 슈라이버David Servan-Schreiber의 말에 따르면, "심리 치료 영역에 EMDR이 도입된 것은 100년 전 정신분석이 출현한 이후 가장 당황스러운 사건이자 가장 중요한 사건일 것이다".

양쪽 뇌를 자극하기

이 심리 치료 요법은 미국 캘리포니아에서 임상심리학자로 일하던 프랜신 샤피로Francine Shapiro가 1987년에 고안했다. 이것은 전적으로 우연한 발견이었다. 샤피로는 공원에서 산책하던 중 불쾌한 생각이 떠올랐는데, 눈동자를 왼쪽에서 오른쪽으로 빠르게 움직이자 갑자기 그 생각들이 사라졌다. 그 뒤 그녀는 단계적으로 더 강한 감정을 불러일으키는 기억들을 의도적으로 떠올리면서 여러 차례 이것을 시험해봤다. 그리고 놀랍게도 기억의 감정적 흔적이 완전히 사라지는 것을 발견했다. 1989년에 그녀가 이 요법의 효과를 다룬 행동심리학 박사 논문을 발표한 후 빠르게 임상 연구들이 시작되면서, EMDR이 외상 후 스트레스 증후군 환자들을 치료할 수 있다는 사실을 확인해주었다.

치료는 어떻게 진행될까? 치료사는 사전 면담을 통해 환자의 문제를 확인한다. 환자는 고통스러운 심상과, 이 심상에 연결된 감정, 신체적 감각, 부정적 생각을 떠올린다.

첫 면담에서 가장 중요한 일은, 환자와 치료적으로 협력하면서 그를 심하게 교란하는 문제들을 찾아내는 것이다. 그것을 위해 치료사는 환자가 원인을 탐색할 수 있게 방향을 잡아주고 지지하면서 병의 형성 과정을 이해하도록 돕는다. 종종 여러 개의 외상성 경험이 환자의 고통을 가중시켜 일상생활에 적응하지 못하게 방해한다.

이 혼란스러운 상황이나 기억은 뇌에 의해 '재처리'되고 '소화'되어야만 한다. 또 치료사는 환자가 침착하게 미래로 나아갈 수 있도록, 그를 감정적으로 괴롭히는 현재 요인들을 직접 살핀다. 치료의 목표는, 환자가 일상생활에서 감정과 행동의 변화를 확인하는 것이다.

치료사는 EMDR 요법과 목표를 환자에게 설명해준다. 그리고 감정을 안정시키고 통제하는 기술들을 가르친다. 그런 다음 정확한 계획에 따라, 환자의 속도·기대·능력을 고려하면서, 고통스러운 기억들을 풀어놓게 한다.

환자는 정신의 '과녁'을 분명하게 설정해, 정신적 외상의 심상에 집중해야 한다. 이 시각적 심상은 환자의 감정적 반응과 종종 연결되기 때문이다(예를 들면 교통사고로 충격받았을 때 도로의 모습). 환자는 또한 그 사건으로 인해 생긴 자기 자신에 대한 부정적 심상(예를 들면 낮은 자존감)을 말로 표현한다. 이를테면 "내가 자초한 일이에요" 하고 얘기할 수 있다. 환자는 종종 마음속에 가둬놓았던 생각을 털어놓는다. "죽을 것 같아요" 하고.

환자는 심상의 환기가 불러일으키는 정서를 확인해서, 자신의 괴로움을 1에서 10까지 단계로 평가한다. 이 단계를 SUDSubjective Unit of Distress(괴로움의 주관적 단위)라고 부른다. 치료사는 이러한 심상·생각·감정에 수반되어 나타나는 신체적 감각들을 환자가 식별해낼 수 있게 도와준다.

환자와 치료사는 부정적 생각들과 반대되는 긍정적 생각들을 확인하면서("나는 치료될 자격이 있어", "나는 살아 있어") 치료 방향을 정확히 잡는다. 치료사는 SUD 평가에 근거해, 환자가 치료 과정에서 과거 사건을 적절하게 해석할 수 있도록 이끄는 알맞은 방법을 찾는다.

이 과정이 끝나면 환자는 심상과 거기에 연결된 부정적 생각, 그리고 불쾌한 감각들을 마음속에서 계속 유지한다. 그와 동시에 눈으로는 좌우로 움직이는 치료사의 손을 따라간다. 이 안구운동은 환자의 감정적 반응에 따라 30초에서 2~3분까지 이어진다.

탈감각이라고 불리는 이 과정은 일반적으로 생리적 이완반응이 같이 따라오는데, 어린아이들의 경우에는 종종 하품을 한다. 각 자

극은 세트라고 불린다. 한 세트가 끝나면 치료사는 환자에게 지금 어떤지, 무엇을 보고 느끼고 생각했는지, 몸이나 감각기관에서 무엇을 지각했는지 물어본다. 하지만 절대 해석은 하지 않고 다음 자극으로 넘어간다.

EMDR은 한 회에 20세트에서 30세트로 구성되며 30분에서 90분 동안 진행된다. EMDR을 한 차례 받고 나면 환자는 마음이 어느 정도 차분해져, 사건과 자신의 반응에 대해 의미를 성찰하게 되고 자존감이 올라간다. 부정적 인식이 사라지고 환자에게 긍정적 인식이 자리 잡으려면 EMDR이 종종 여러 차례 필요하다.

EMDR이 나온 뒤 수천 명에 이르는 환자가 이것을 통해 완치되었다. 이 때문에 이 요법은, 피부의 자연적 치유 과정과 동일한 형태인, 뇌의 자연적 치유 과정으로 비유되곤 한다.

EMDR은 효과가 있지만 그 원리는 아직 명확히 밝혀지지 않았다. 한편에서는 외상적 기억을 만들어내고 다른 한편에서는 치유하는 신경·정신의 작동 원리는 무엇일까? 미국의 신경과학자 안토니오 다마시오Antonio Damasio에 따르면, 뇌의 활동 목표는 생존과 안녕이다. "신체, 뇌, 정신은 단일한 유기체의 표현들이다. 과학적 목적을 위해서는 이것들을 현미경으로 분리할 수 있다고 해도, 유기체가 정상적으로 기능하는 조건에서는 사실상 분리할 수 없다."

EMDR은 감각이나 감정과 관계된 수많은 정보를 매일 우리가 '소화'할 수 있도록 도와주는 자연적 정보 처리 체계가 뇌에 존재한

뇌는 어떻게 상처를 치유할까?

정신적 외상이 발생할 경우 이것은 뇌의 감정 체계(대뇌변연계)에 지나치게 강력한 정보들을 새기게 된다. 그러면 정보를 객관적으로 분석하는 피질로 이것들이 전달되지 못한다(그림 a). 고통스러운 기억이 시시때때로 환자의 의식에 출현하는 것은 이 때문이다. 피질이 이 자료들을 처리하려면 대뇌변연계의 활동을 줄여야 한다. 환자의 주의를 집중시키는 눈의 움직임과 양쪽 뇌의 자극은 바로 이 대뇌변연계의 활동 저하를 유도한다(그림 b). 사건은 멀리서 조망되고 언어화되면서 외상적 특징을 잃는다. 결과적으로 환자는 기분이 나아진다.

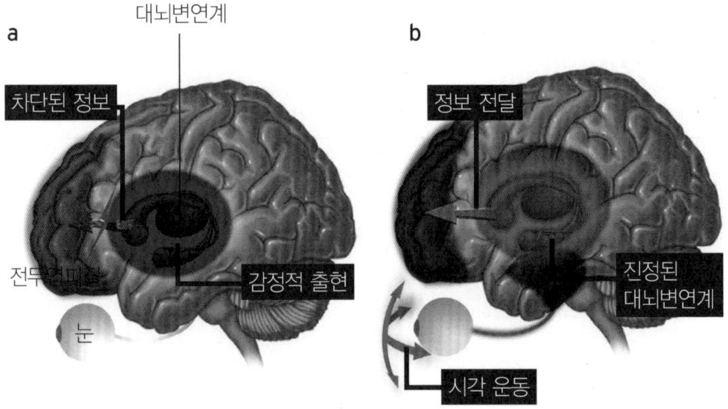

다는 생각에 기반을 두고 있다. 뇌 활동은 사람의 생존을 책임지기 때문에 위험이 발생하면 감정적 뇌, 다시 말해 기본적으로 대뇌변연계는 이성적 기능을 담당하는 피질, 특히 전두엽에 이것을 전달한다.

그런데 정신적 외상이 발생하면, 간단히 말해 사건이 감정적 뇌의 적응 능력을 압도하면, 감정적 뇌는 감각과 감정을 가둬버린다. 그래서 이것들은 전두엽피질에서 분리된 상태로 남는다.

감각기관의 자료가 과도한 감정적 내용 때문에 곧바로 처리되지 못하면 '신진대사'가 이뤄지지 않아 대뇌변연계 안에 갇힌다. 그 결과 삶에서 일어나는 어떤 사건들은 피질까지 가지 못한 채 감정적 뇌와 신체 안에 각인된 상태로 있다. 피질에 표현되지 못한 이 정보는 피질에 의해 처리되기 위해 반복적으로 나타난다. 고통스러운 장면들이 순간적으로 떠오르는 이유는 바로 이 때문이다.

외상적 기억의 환기는 두 가지 반응을 동시에 촉발한다. 하나는 대뇌변연계 안의 편도체(위험 감지 중추)의 활성화이고 다른 하나는 전두엽과 브로카 영역(언어 중추)의 비활성화다. 환자는 감정적 반응에 사로잡혀 외상적 정보를 말로 표현하지 못한다. 따라서 이 정보가 환자를 사로잡지 않고 피질에 표현되기 위해서는 감정적 반응 강도가 약화되어야 한다. 바로 이것이 시각적 운동과 양쪽 뇌의 자극이 하는 역할이다.

더 나아가 연구자들은 EMDR의 안구운동과 우리가 꿈꿀 때 일어나는 안구운동 사이 유사성을 발견했다. 꿈의 활동(그리고 이것과 연계된 안구운동)과 인간의 학습 능력은 서로 연결돼 있을 가능성이 있다. EMDR의 안구운동은 정보의 '적응적 처리' 체계를 활성화하는 것으로 짐작된다.

어떤 식으로 활성화할까? 당연히 여러 요소가 연합한다. 우선, 눈의 자극이 환자의 신체적 이완을 유발한다. 환자는 여러 가지에 주의를 집중해야 한다. 신체, 정신, 지금 여기, 과거의 다른 곳에 말이다. 종종 오랫동안 갇혀 있던 정보의 재처리를 가동시키기 위해서는 이것으로 충분한 것 같다.

고통스러운 기억을 놓아주다

다른 가설들도 있다. 예를 들면 좌우 뇌의 자극으로 유발되는 (부교감신경의 활동으로 인한) 이완 반응은 해당 기억이 만들어내는 (교감신경계의 활동으로 인한) 불안 반응을 억제한다는 가설이 있다. 기억에 노출된 상태에서 이루어지는 안구운동이 혼란스러운 심상들의 선명성을 감소시킨다고 말하는 연구자들도 있다.

2012년에 메디테라네엑스마르세유 대학교의 스테파니 칼파 Stéphanie Khalfa 연구 팀은 정신적 외상 환자 25명과 건강한 피실험자 25명을 대상으로, 이들이 부정적 표정(분노, 슬픔, 두려움)을 식별해내는 작업을 하는 동안 뇌 활성화를 자기공명영상으로 기록했다. EMDR 요법을 적용하기 전에는 정신적 외상 환자들의 대뇌변연계 영역이 정상보다 더 활성화돼 있고 전두엽피질은 정상보다 낮게 활성화돼 있는 것이 관찰됐다. 반면에 건강한 피실험자들은 그렇지 않았다. 이 요법을 적용한 뒤에는 피보험자들의 뇌 활동이 모두 동일했다. 다시 말해 '외상을 입은 뇌'가 치료된 것이다. 또 이탈리아 국립연구센터의 마르코 파가니Marco Pagani 연구 팀은 환자에게 EMDR 요법을 실시하는 동안 그의 뇌 활동을 EEG로 관찰했다. 치료가 시작된 초반에는 특히 대뇌변연계 영역이 자극된다. 이 활성화는 환자들이 탈감각화를 마치고 진정되면 피질 부위로 이동한다. 이것은 분명 환자의 외상성 기억이 전두엽으로 이동했다는 표시일 것이다.

신경-감정적 근거가 뭐든, 임상적 차원에서 치료사는 환자의 빠른 변화에 깜짝 놀랄 때가 많다. 이것은 마치 '신경정신-생리적' 자가 치료처럼 보인다. 그 과정은 완전히 자연적으로 일어난다. 다시 말해 모든 사람에게 공통된 하나의 생리 체계가 있어서, 이것이 부정적 감정들을 제거하고 그 자리에 더 적절하고 긍정적인 체험들을 채운다는 뜻이다. EMDR은 이 자가 치료 원리를 발견하는 데 큰 기여를 했다.

우리에게는 신체적 상처뿐만 아니라 정신적 상처를 치유해주는 자연적 치료법들이 있다. EMDR을 이용한 빠른 완치는 집단무의식 속에 깊이 뿌리내린 고정관념들을 재고하게 만든다. '완치하려면 시간이 많이 필요하다', '치료는 말을 통해서 하는 것이다'와 같은 생각들 말이다. EMDR 요법을 이용하면 환자는 치유 과정에 주체적으로 참여하면서 건강을 빠르게 회복할 수 있다. 그래서 외상성 기억이 떠올라도 전혀 동요하지 않는다. L 부인처럼 이렇게 해서 많은 환자가 완치됐다.

08 놀이를 통한 조현병 극복

니콜라 프랑크

인지 교정은 빠르게 발전하고 있는 치료법으로, 조현병 치료에 큰 도움을 준다. 조현병 환자들은 시각 연습과 재미있는 게임을 통해 정신적 능력을 키우고 행동까지 개선할 수 있다.

언론매체가 일반적으로 전달하는 조현병 환자의 모습은 현실과 일치하지 않을 때가 많다. 이 병에 걸린 사람들은 사이코패스도 아니고 지나치게 폭력적이지도 않다. 오히려 이들 대부분은 인지 능력에 손상을 입어 일상생활에 제약을 받고 정상적으로 활동하기가 어렵다.

프랑스에는 인생의 한 시기에 조현병에 걸리는 사람들이 약 30만 명에서 60만 명, 즉 인구의 0.5%에서 1%에 이른다. 이 환자 가운데 80%가량이 인지 장애(기억, 주의 집중, 행동의 계획화, 타인의 감정과 생각에 대한 이해와 관련된 장애)를 갖고 있다. 따라서 이들에 대한 치료는 매우 중요하다. 약물 치료와 심리 치료는 부분적으로만 효과가 있다. 인지 교정은 효과가 입증된 제3의 치료법으로, 기존의 두 치료법을 효과적으로 보완해줄 것이다. 그렇다면 인지 교정이란 무엇일까?

이것은 경청과 말을 통해 환자의 복잡한 정신적 표현을 수정하는 심리 치료도 아니고, 신경 전달 물질(신경세포들 간 정보전달 분자)이 뇌 수용체에 작용하는 것을 차단하거나 촉진하는 약물 치료도 아니다. 인지 교정은 조현병 환자들에게 나타나는 인지 능력 손상에 초점을 맞춰 이 정통적 치료법들을 보완해준다.

손상된 인지 기능들

인지 능력이란 주의력, 기억력, 시공간 기능(주변 환경을 제대로 지각하는 능력), 사회적 인식력(다른 사람의 느낌·생각·계획·욕구를 있는 그대로 이해할 수 있는 능력), 집행 기능을 가리킨다. 집행 기능은 행위를 구성하는 일련의 정신 과정이다. 여기에는 계획을 세우는 능력(장을 보러 가기로 계획을 세우는 것, 구매할 물건들을 정리하고 시장가방을 챙긴 뒤 문을 잠그고 나가는 것 등), 상황에 따라 전략을 바꿀 수 있는 정신적 유연성(가게가 휴점일 때), 억제력(이를테면 실수로 몸을 부딪친 사람에게 화를 내지 않고 예의 지키기), 추상적 사고가 포함된다.

조현병은 어떤 질환일까?

조현병의 특징은 망상과 환각 외에도, 행동하고 결정을 내리고 주의를 집중하고 정보를 기억하고 타인을 이해하는 능력에 심각한 장애가 생기는 것이다.

조현병의 가장 두드러진 모습들과 매우 드물긴 하지만 이로 인한 폭력적 결과는 언론매체를 통해 많이 다뤄지는 반면에, 조현병 환자들의 능력 상실은 언론의 무관심으로 인해 대중에게 거의 알려져 있지 않다. 이 능력 상실은 환자들의 일상생활을 고통스럽게 만드는 원인이며, 일부 환자들에게서 나타나는 폭력 행위보다 훨씬 더 전형적인 모습이다. 따라서 이것은 매우 중요하게 고려되어야 한다. 기억력, 주의력, 집행 기능의 손상은 환자들의 자립 능력을 빼앗고 심각한 사회적 장애를 유발한다.

따라서 이러한 인지 장애는 많은 환자에게 환각이나 망상보다 훨씬 더 심각한 문제다. 기억하지 못하는 것, 집중하지 못하는 것, 계획을 세우지 못하는 것, 다른 사람에게 무슨 말을 해야 하는지 모르고 자신이 무슨 말을 하는지도 이해하지 못하는 것은 사실상 직업 활동이나 친밀한 관계를 형성하고 여가 활동을 하는 데 심각한 장애가 된다. 적절히 통제되고 충분히 이해되며 잘 받아들여지기만 한다면, 생활하는 데는 인지 장애가 있는 것보다 환각이 있는 편이 오히려 낫다.

치료보다는 재교육

인지 교정은 일상생활을 하는 데 필요한 이 기능들을 키워줄 뿐 아니라, 일부 증후군과 특히 망상(대표적으로, 괴롭힘을 당하고 있다는 생각)을 촉진하는 인지 기능 장애의 파급력을 줄여준다. 약물(특히 항정신 질환제)과 심리 치료는 이 질환의 인지 장애를 치료하는 데 한계가 있다.

인지 교정 치료는 어떻게 이뤄질까? 요즘 특히 뇌의 노화 예방 분야에서 유행하는 인지 훈련과 약간 비슷하다. 하지만 단계적으로 연습을 하며 치료사가 많이 개입한다는 점에서 차이가 있다. 이렇게 함으로써 환자는 자기가 직면하는 상황들을 조금씩 더 효율적으로 다루게 된다. 사실 소프트웨어를 활용한 치료법에 근거해 조현병 환자들에게 컴퓨터를 조작하게 할 수는 없다(이렇게 할 경우 그들의 사회적 위축을 악화시킬 위험이 있다).

인지 교정의 목표는 훈련이 아니라 환자의 주의력, 기억력, 집행 기능, 시공간 기능, 사회적 인지력을 재교육함으로써 그들의 일상생활과 사회적·직업적 재활을 돕는 것이다. 이 치료는 집단으로 진행되기도 하고 개별적으로 진행되기도 한다. 집단 프로그램에서는 참여자들 사이의 모방과 동화 현상을 일부러 부추기는데, 이것은 조현병으로 인한 장애들을 보완해준다. 일반적으로 환자들은 표현력과 이성적 사고를 연습한다. 언어 연습은 낱말을 만들고 정확히 이해하며 분류하는 능력을 키운다.

이성적 사고를 돕는 연습은, 예를 들면 풍선이 한 위치에서 다른 위치로 이동하기 위해 필요한 이동 횟수를 암산으로 계산하기, 글자가 다른 글자나 상징으로 대체된 암호를 해독하기, 낱말들을 그 범주에 해당하는 서랍에 넣기, 별 모양으로 구성된 낱말맞추기 놀이 같은 것이다.

타인을 이해하기

사람들 간의 관계 같은 생활의 사회적 측면을 지각하는 연습도 있다. 이 경우에는 환자에게 사람 얼굴이나 사회적 상황을 사진으로 보여주면서 설명과 해석을 하게 한다. 사회적 상황이란 여러 사람이 모여 식사를 한다거나 길에서 우연히 아는 사람을 만났을 때 또는 손님과 판매원이 대화를 나누는 경우 같은 것이다. 컴퓨터를 사용해 환자가 (아바타를 통해) 특정한 대화 상황으로 들어갈 수도 있다. 이렇게 해서 환자는 일상생활에서 벌어지는 상황들을 지각하고 여기에 대처하는 법을 배운다.

기억력 훈련에서는 그림이나 요리법, 도시 평면도, 문장文章 같은 시각적 요소들을 외운 다음 최대한 재현하도록 한다. 장기 기억력을 키우기 위한 연습으로는, 단어 목록을 외운 뒤 다른 낱말들 속에서 이것들을 찾아내기, 글에 사용된 동사와 그 위치 기억하기, 컴퓨터 화면에 나타나는 낱말들 기억하기, 식당의 한자리에 앉은 사람들의 위치와 그들이 주문한 음식 외우기 같은 것이 있다.

환자들의 공간 주의력과 행동 계획을 세우는 능력을 개선하는 것도 중요하다. 구체적으로 예를 들면, 환자들은 도형 여러 개를 특정 기준(이를테면 색깔)에 따라 분류하기, 동일한 장면을 두 시점에서 관찰하거나 관찰자의 위치 추리하기, 컴퓨터 화면에서 연속되는 만화 장면들을 보고 내용과 순서 기억하기, 두 집단의 특징을 비교하고 한 집단 내 공통점 찾기, 정육면체로 구성된 3차원 도형 두 개가 다른 모양인지 아니면 다른 각도에서 바라본 동일 도형인지 알아내기 같은 연습을 한다.

물론 환자에게 이런 연습들을 시키기 전에 주의력, 기억력, 집행 기능, 시공간 기능에 대한 평가 같은 신경심리학적 평가와 사회 인식력 평가가 포함된 일련의 검사를 해야 한다. 그래서 검사 결과를 바탕으로 어떤 인지 기능을 훈련할 것인지 결정하고 거기에서 기대되는 효과를 예상한다. 그리고 환자가 일상생활에 도움을 받기를 원하는 경우에만, 이를테면 가족·사회·직업에 최대한 편입되고 싶다는 바람이 있는 경우에만 교정을 권한다. 또 환자에게 그의 질병과 그에 동반되는 인식적 장애에 대해 반드시 설명해줘야 한다.

인지 교정의 효과는 전반적인 메타 분석들을 통해 이미 과학적으로 인정됐다. 두 건의 대규모 메타 분석으로는, 2007년 미국의 심리학자 수전 매거크Susan McGurk와 2011년에 영국의 심리학자 틸 와이크스Til Wykes가 발표한 연구가 있다. 이 연구들은 조현병에 대한 인지 교정 효과, 다시 말해 인지 교정이 조현병 환자의 기억력, 이성적 사고, 자율성, 타인과의 관계를 개선한다는 사실을 확실히 입증했다.

뇌를 바꾸는 인지 치료법

인지 교정은 어떤 방식으로 작용할까? 다른 많은 전문가와 마찬가지로 우리도 이것이 뇌의 가소성에 영향을 준다고 본다. 즉 인지 교정을 통해 신경세포들이 재편성될 수 있다. 인지 교정 연습은 정보를 기억하는 데 관여하는 뇌 영역 간의 연결을 강화하고 여기에 정보를 결합함으로써 상황의 변화에 행동을 적응시킨다.

인지 교정의 또 다른 장점은 환자와 치료사가 이 치료법을 좋아한다는 것이다. 한편으로는 재미있고, 다른 한편으로는 잦은 만남과 위협적이지 않은 치료 방식 덕분에 환자와 치료사 간에 강한 치료적 관계가 형성되기 때문이다.

많은 환자가 인지 교정 프로그램에 참여한 뒤 일상의 생활방식이 바뀌었다고 말한다. 어떤 이들은 하루의 활동 계획을 더 잘 세운다(이를테면 시간 관리, 여가 활동의 분배, 치료, 아무런 활동도 하지 않기). 또 어떤 이들은 주변에 조금씩 관심을 보인다. 그래서 주변 사람들의 하는 말에 더 귀를 기울이고, 치료와 관련된 주의사항들을 더 잘 지킨다. 또 어떤 이들은 다른 사람에게 어떻게 다가가고 어떤 말을 해야 하는지 배운다. 요컨대 환자들은 더 자율적으로 변해 여러 면에서 자존감이 높아진다.

일부 조현병 환자들을 괴롭히는 망상은 어떻게 치료할까? 이런 종류의 증후군은 근거 기억이라는 특정한 인식 작동 원리가 손상될 때 나타나는 것으로 보인다. 근거 기억이란 무엇을 어디서 언제 보고 들었는지 환기하는 능력이다. 한마디로 정보의 출처를 기억하는 능력이다. 조현병 환자 가운데 이 능력이 손상된 경우가 있다. 그래서 어떤 일을 생각하게 되면 자기가 그 일을 했다고 믿고, 어떤 사람이나 말을 생각하게 되면 자기가 그 사람을 봤고 그 말을 들었다고 믿는다.

교정 연습들은 특히 감정의 식별과 정신 이론(타인이 자신과 구별되는 개인임을 아는 것)을 포함한 환자의 사회적 인식력을 개선하기 위해 개발됐다. 이 프로그램들은 환자의 왜곡된 인지 기능을 도와, 환각이나 망상같이 그들의 삶에 부정적 영향을 끼치는 병적 발현들을 완화해준다. 하지만 이것이 효과를 발휘하기 위해서는 약물 치료와 심리 치료 같은 정통적 치료법과 반드시 결합되어야 한다.

놀이 프로그램

예를 들어 리옹의 밥티스트 고들뤼Baptiste Gaudelus가 만든 가이아Gaïa라는 프로그램은 사람들이 상호작용하는 다양한 상황(약국, 가정, 직장)에서 여러 감정을 표현하고 있는 얼굴들을 환자에게 보여준다. 치료사는 환자가 각 감정을 식별하려면 얼굴의 어느 부위를 봐야 하는지 알 수 있도록 도와준다.

엘로디 페루Élodie Peyroux가 개발한 RC2S라는 프로그램(조현병의 사회적 인식력 교정)에서는 컴퓨터의 아바타를 통해 환자가 다양한 대화 상황으로 들어가게 한다. 그렇게 해서 환자는 자기 선택이 어떤 결과를 불러오는지 다른 사람의 행동을 보고 분석하는 법을 배우는 것이다.

나딘 바쟁Nadine Bazin과 크리스틴 파스리외Christine Passerieux가 만든 ToMRemed는 또 다른 방식이다. 이것은 기본적으로 영화 장면을 이용하며, 환자는 영화 안에서 모호하게 행동하는 인물들을 보면서 그들의 생각을 파악해야 한다.

일반적으로 널리 알려진 활동과 놀이도 조현병 환자들의 인지 기능을 개선하는 데 도움이 된다. 카롤린 드밀리Caroline Demily가 이끄는 우리 연구 팀은 체스가 효과적이라는 사실을 밝혀냈다!

체스, 메모리 게임, 스크래블

3개월 동안 10시간을 고르게 분배해 체스를 하면, 활동 계획을 세우고 여러 일을 동시에 할 수 있는(이를테면 전화 통화를 하면서 요리가 타지 않는지 살펴보기) 능력이 개선된다. 따라서 인지 교정 프로그램에 체스를 포함시키는 것도 생각해볼 수 있다. 체스로 조현병 환자를 치료한다는 생각은 일찍이 10세기 페르시아의 의사였던 알 라지al-Rhazès도 했다.

다른 보드게임들도 흥미로워 보인다. 메모리 게임(카드들을 엎어 놓고 두 개씩 뒤집어 같은 것이 나오면 가져가는 놀이)은 시공간 기억력을 높이기 위해 필요한 요소를 모두 갖추고 있어, 과학적으로 효과를 검증하기만 하면 된다. 스크래블도 언어 능력을 개선하기에 좋은 놀이로 보인다. 물론 이런 보드게임들을 의학적 목적으로 사용하기 위해서는 체계적인 연구가 뒷받침되어야 할 것이다. 또 이것들을 의학적으로 활용하는 방식도 엄밀하게 규정될 필요가 있다. 그러나 어쨌든 우리는 인지 교정 프로그램의 연습들과 마찬가지로, 보드게임의 이 위대한 '고전들'도 환자들의 손상된 인지 기능에 도움이 된다고 믿는다.

이제 인지 교정은 인지 장애가 있는 모든 환자의 치료 프로그램에 포함되어야 한다. 의사로서 얘기하자면, 이 기법은 매우 간단하고 환자와 치료사가 모두 좋아하는 도구를 활용한다. 조현병으로 고통받고 인지 장애가 있는 사람들(다시 말해 거의 모든 환자)의 치료에 가능한 한 빨리 이 치료법을 도입하는 것이 이득이다. 하지만 중요한 사실이 있다. 이 치료법은 환자가 그 효용성과 방식을 이해하는 경우에만 효과가 있다는 점이다. 따라서 환자가 자신의 인지 장애와 이 치료법의 잠재적 이점들을 이해할 수 있도록 병에 대해 자세히 설명해주어야 한다.

생활방식의 변화

몸과 정신의 건강을 지켜주는 '존재' 방식에는 여러 가지가 있다. 덜 먹기, 휴식하기, 소설 읽기, 명상하기, 삶을 새로운 관점에서 바라보기……. 정신에 변화를 주면 생리적 변수가 바뀐다. 그래서 기분이 편안하고 행복해진다.

09 명상: 건강한 몸에 건강한 정신

크리스토프 앙드레

명상은 과거엔 영적 또는 종교적 전통과 관계가 있었지만 이제는 과학적으로 연구되고 있다. 정기적으로 명상을 하면 정신과 신체가 건강해진다.

"매일 태양이 뜨고 지는 것을 바라보면서 우주 현상에 우리 자신을 연결할 수 있다면 우리는 영원히 건강할 것이다." 헨리 데이비드 소로Henry David Thoreau는 1850년대에 쓴 「원칙 없는 삶Life Without Principle」이라는 소논문에서, 인간은 관조적인 삶에서 더 많은 것을 얻을 수 있다는 신조를 밝히고 있다. 이 관점이 과학적으로나 의학적으로 신빙성이 있을까? 지금부터 여기에 대해 살펴보고자 한다.

명상은 신체, 감각, 마음의 많은 변수에 주의를 기울이는 것이다. 이 정신 활동은 의지에 의해 이루어진다. 때로는 명상적 상태와 비슷한 상태가 우리 내부에서 저절로 형성되기도 하지만(모닥불이나 파도를 볼 때) 우리가 명상이라고 부르는 것은 의도적, 지속적, 반복적 연습이며 정신 훈련이다.

명상에 대해서는 몇 가지 오해가 있다. 우선, 많은 사람이 명상을 지적 활동(한 대상에 대해 깊이 숙고하기)으로 생각하는데, 대부분의 명상은 기본적으로 몸을 통해 이루어진다. 또 명상에는 한 가지가 아니라 여러 가지 방법이 있다. 어떤 명상은 주의를 집중해야 하고, 어떤 명상은 반대로 주의를 넓게 열어야 하며, 주로 부동 상태로 있지만 때로는 동작을 취하기도 한다(글상자 '명상' 참고). 마지막으로, 사람들은 명상을 일련의 종교적 믿음과 연관 짓기도 하는데, 명상은 철저하게 비종교적, 철학적, 치료적 바탕에서 행해질 수도 있다.

그러나 '명상적'이라고 부르는 모든 행위에는 많은 공통점이 있다. 행동을 멈추고 자신에게 은신·침묵·느림·항구성의 시간을 부여한다는 점, 이 침묵의 시간 동안 주의를 집중한다는 점, 외부의 자극(소음)이나 내부의 자극(생각, 감정)에 반응하지 않는다는 점, 주의를 기울이되 초연하게 이 내적·외적 자극을 관찰한다는 점 등이다.

아무것도 하지 않기

명상에서 기대하는 것은 무엇일까? 전통적으로 모든 명상적 접근법은 당장 뭔가를 기대하지는 말라고 조언한다. 명상을 하고 있을 때 몸과 마음에서 일어나는 것들을 그저 바라보기만 하는 것이다(우리는 거의 항상 어떤 행동을 하고 있고, '아무것도 하지 않는 것'에 주의를 기울이는 일은 드물다).

모든 대가와 스승들은 제자들에게 이 주제와 관련해 많은 이야기를 해주었다. 명상법에 정통하려면 기간이 얼마나 걸리느냐고 한 제자가 물었다. 선의 대가가 대답했다. "5년." "만약 제가 분발해서 쉬지 않고 명상을 한다면 얼마나 걸릴까요?" "그러면 10년……." 기독교 전통에서는 성 프란체스코 살레지오가 이렇게 조언한다. "매일 30분씩 반드시 명상을 해야 한다. 단, 너무 바쁠 때는 한 시간이 필요하다."

하지만 실제로는 명상에서 기대하는 것이 분명히 있는데, 이것은 상황에 따라 다르다. 이를테면 종교적 명상의 경우에는 당연히 영적 각성 상태나 신성과 연결된 상태를 기대한다. 철학적 명상의 경우에는 통찰력 있는 정신을 기대한다. 그리고 심리 치료적 명상의 경우에는 육체적 또는 정신적 건강에 도움을 받기를 기대한다.

명상의 치료적 힘은 오래전에 예견됐다. 이를테면 불교적 관점에서는 고통에서의 해방이 명상의 핵심 목표다. 따라서 의학계와 심리학계는 필연적으로 명상에 관심을 가질 수밖에 없다. 더구나 '명상하다(영어로 meditate, 프랑스어로 méditer)'라는 표현은 '돌보다'라는 의미의 라틴어 '메데리mederi'의 반복형 '메디타리meditari'에서 유래했다.

명상

많은 방식이 넓은 범주에서 명상으로 분류될 수 있겠는데, 이것들은 특별한 정신적 지향점과 신체를 연결 짓는다는 점에서 공통점이 있다.

이완 요법: 이완 요법의 목표는 신체적·심리적 이완이지만 이 요법의 더 진전되고 심화된 형태들(예를 들면 슐츠의 자율훈련법)은 명상적 상태와 비슷하다.

요가: 인도에서 유래된 요가는, 특히 체위와 호흡에 집중하는 요가의 경우(예를 들면 하타 요가) 명상적 요소들을 포함한다.

기공: 중국의 기공은 건강과 장수를 목표로 느린 동작과 호흡 훈련을 하는데, 기공 숙련자들은 여기서 한 걸음 더 나아가 기공을 '움직이면서 하는 명상'이라고 본다.

비토즈 요법: 스위스에서 유래한 이 심리 치료는 기본적으로 신체 감각에 주의를 가만히 집중하는 것이다.

기도: 기도를 할 때 우리는 차분한 마음으로 눈을 감고 자기를 내려놓는다. 따라서 기도와 명상을 결합하려는 움직임이 기독교 같은 주요

이 주제와 관련해서는 다양한 사람들을 대상으로 많은 연구가 이뤄졌다.

명상은 환자가 아닌 사람들의 경우 스트레스, 면역계 반응(인체 방어), 혈압, 통증에 대한 내성 같은 건강의 변수들을 전반적으로 개선해준다. 그리고 다양한 질환으로 고통받는 사람들의 경우에는 삶

종교에서 다시 일어나고 있는 것은 전혀 놀랍지 않다.

불교 명상: 종교적이면서 동시에 철학적인 불교의 전통은 명상을 다양한 방향에서 극도로 정교하게 발전시켰다고 할 수 있다. 사마타 수행법은 정신 집중과 평정심을, 위파사나 수행법은 환영에서 벗어난 지혜의 연마를 지향한다. 그 밖에 연민과 이타심 등에 초점을 맞춘 명상들도 있다.

초월적 명상: 이 명상은 평정과 변화된 의식 상태에 도달하기 위해 만트라라고 하는 일련의 음절을 집중적으로 계속 외우며 의식의 영역을 줄이는 방식이다. 일부 종파들이 이런 접근법을 사용했다. 1960년대에 상당히 유행했고 비틀스도 그 신봉자였다.

마음챙김 명상: 지금 이 순간을 이루고 있는 모든 요소(호흡, 신체 감각, 소리, 감정, 생각)를 또렷한 의식으로 집착 없이 바라보는 연습을 하는 것이 마음챙김 명상이다. 이 명상법은 가장 많이 연구됐고 과학적 출판물도 가장 많다.

의 질을 체계적으로 현격하게 개선해준다. 이를테면 다발성 경화증, 유방암, 폐색성 폐 질환, 만성 통증이 여기에 해당한다. 또 고혈압, 건선, 자가 면역 질환 같은 다양한 질환에서 증상이 완화되는 것이 확인됐다.

명상이 유익한 이유는 스트레스를 전반적으로 감소시키는 효과

덕분일 것이다. 일반적으로 스트레스는 모든 질환의 큰 위협 요소이기 때문에 이 효과는 절대 무시할 수 없다. 고통스러운 만성 질환이나 정통적 치료법이 효과 없는 경우라면 특히 더 그렇다.

명상으로 자신을 치료하기

이런 환자들에게 명상은 심리적 차원에서 많은 도움이 된다. 이를테면 긍정적 감정을 느끼는 빈도가 증가하는데, 명상이 긍정심리학과 별로 관련이 없다는 점에서 이것은 주목할 만한 현상이다(명상은 긍정적 감정을 직접 부추기지 않는다). 향상된 의식의 질과 그로 인해 명료해진 주의력이, 일상에서 불시에 찾아오는 즐거운 순간들을 붙잡는 능력을 간접적으로 향상시킨 것이 틀림없다.

일반적으로 명상은, 특히 마음챙김으로 불리는 명상의 경우 자기 자신을 다정하게 대하는 자기 연민의 자질을 키워준다는 것을 입증한 연구들도 있다. 현재 확인된 바에 따르면, 이런 차원의 자기 연민은 다양한 원리를 통해 건강에 이롭게 작용한다. 치료와 식이요법을 잘 따르고, 자기 공격적 또는 자기 파괴적 행위를 하지 않는 식으로 말이다.

명상의 심리적 원리들은, 예를 들면 통증의 경우 매우 세밀하게 연구돼왔다. 정신 질환과 관련해서 가장 중요한 원리는 불안하고 우울한 반추의 순환을 줄이는 것이다. 반추는 흔히 볼 수 있는 증후군으로, 어려운 문제에 집중된 반복적인 사고에 정신이 사로잡히는 것이다. 이와 같은 반추는 구체적인 해결책으로 귀착되지도 않고 우리가 다른 데로 주의를 돌리려고 애쓰는데도, 의식의 전경에서든 배경음으로든 계속해서 이어진다.

명상은 뇌리를 스치는 걱정스러운 생각에 머무르지 않는 법, 이 생각들을 있는 그대로 수용하면서도 거기에 붙들리지 않는 법을 가르친다. 이 부분은 '머리 위로 새들이 날아가는 것은 막을 수 없지만 새들이 머리카락 속에 둥지를 트는 것은 막을 수 있다'는 중국 속담을 연상시킨다.

우리 머리에 떠오르는 부정적인 생각이나 감정들을 막는 것은 불가능해도 이것들과 거리를 유지할 수는 있다. 마음챙김 명상이 지향하는 것이 바로 이것이다. 즉 확실한 것을 찾기 위해 생각하는 것이 아니라 생각에 대해 생각하는 것이다.

관건은, 어떤 문제로 걱정하는 것과 어떤 문제로 걱정하고 있다는 사실을 성찰하는 것은 기본적으로 다르다는 사실을 이해하는 데 있다. 명상은 생각에 붙들리지 않기 위해, 생각을 바꾸려고 애쓰기(인지심리학이 하는 것)보다 생각들과 맺는 관계를 바꾸려 한다. 예컨대 고통이나 부정적인 감정의 존재나 출현을 막는 것이 아니라 우리의 반응, 즉 그것들에 대한 우리의 의존성을 줄이는 것이다.

연구자들은 명상을 통한 스트레스 감소에 관심을 갖는다. 이것

거리를 둠으로써 고통 '희석'하기

소위 심리-교육적 접근 방식에서는 환자들에게 통증과 고통을 구별하라고 가르친다. 통증은 생물적 현실이므로 진통제로 가라앉힐 수 있다. 고통은 통증의 심리적 영향이다. 알아차림Mindfulness 명상은 환자들에게 통증의 존재를 받아들이라고 말한다(심하지 않은 통증에 대해서만 이런 식으로 시작할 수 있으며, 억지로 통증을 참는 것은 소용없다). 하지만 통증에 주의를 집중하지는 말아야 한다. 사실 우리는 고통스러울 때 우리를 고통스럽게 만드는 것에 자연히 정신을 집중하게 된다. 그래서 통증은 우리의 의식 공간을 독차지한다. 명상을 통해 고통을 '소화'하려면 다른 현상들에 의식 공간을 열어주어야 한다. 호흡, 통증과 무관한 다른 신체 부위, 소리에 주의를 기울이는 것이다. 그리고 고통이 일으키는 생각들('나는 이것을 오래 견디지 못할 거야')을 관찰한다. 가능한 한 거리를 두면서 말이다.

핵심은, 우리의 정신에서 고통을 떨쳐내려고 하는 대신 큰 그릇 안에 고통스러운 느낌과 그 밖의 모든 느낌을 담음으로써 고통을 '희석'하는 것이다. 이렇게 하려면 당연히 연습이 필요하다. 정기적으로 이 연습을 하면 고통에 대한 주관적 느낌이 감소하고 뇌 구조가 변화하는 효과가 뚜렷하게 나타난다.

은 특히 심리 상태와 신경계·면역계의 활동 사이 긴밀한 연관성을 연구하는 심리-신경-면역 분야(과거에 '정신신체의학'이라고 칭했던 것)에서 생물학적으로 세밀하게 연구될 수 있기 때문이다. 한 예로, 몇

명상의 뇌는 다르다

명상에 의한 뇌 변화는 뇌 영상을 이용한 많은 연구를 통해 입증됐다. 뇌는 해부학적으로 변할 수 있다. 이를테면 명상을 하면 신체의 감각 신호를 뇌의 여러 부위로 연결해주는 피질 영역인 섬엽이 두꺼워진다. 하지만 뇌는 다양한 행동 원리를 통해 기능적으로도 변한다.

여러 연구에 따르면, 별개의 두 가지 작동 원리가 통증에 대한 반응성을 최소한으로 줄여주는데, 이 두 원리는 명상의 단련 정도에 근거한다. 명상 입문자의 경우에는, '위에서 아래' 방향으로 통제가 이루어져 전두엽(뇌 구조에서 가장 발달된 부위)이 편도체(변연계나 감정의 회로에 속하는 뇌 영역)의 활동을 제한한다. 간단히 말하면, 언어적 전술을 통해 통증의 느낌을 스스로 통제하고 상대화시킴으로써 평정을 얻는 것이다.

반면에 더 노련한 명상자들은 '아래에서 위' 방향으로 통제한다. 그들의 뇌는 언어적 전술을 굳이 활용하지 않고, 통증의 원천적 정보들을 해마와 그 이웃 부위들에서 처리해버린다. 마치 명상이 통증에 대한 자연적 내성을 강화해 이것이 정신적 고통으로 변하는 것을 막은 것처럼 말이다.

주간 정기적으로 명상을 하면 독감 백신을 주사한 뒤 나타나는 면역 반응이 증강되고 에이즈 바이러스 보균자들의 경우 T림프구(필수적인 방어 세포)의 양이 증가하는 것이 확인됐다.

명상의 효과는 여기서 한 걸음 더 나아가 유전자 발현, 즉 인체의 기능에 영향을 끼치는 단백질의 생성을 바꿀 수도 있다. 유전자 발현은 많은 요소에 의해, 특히 감정에 의해 영향을 받는 것으로 현재 알려져 있다. 그래서 스트레스는 일부 유전자들을 활성화시킬 수 있고 긍정적인 감정들은 이것들을 비활성화시킬 수 있다.

하버드 대학교의 허버트 벤슨 연구 팀은 심리 검사에서 동일한 결과가 나온 사람들을 대상으로 평균 9년 동안 명상을 했던 20명과 명상을 하지 않은 20명을 비교했다. 그랬더니 일부 유전자들의 발현 단계에서 차이가 있었다. 명상을 한 사람들의 경우에는 특히 스트레스 반응성 체제(염증, 코르티솔의 생성, 세포의 사멸 등)에 관여하는 2,000개 이상의 유전자가 비활성화돼 있었는데, 명상을 하지 않은 사람들의 경우에는 그렇지 않았던 것이다. 그래서 이번에는 명상을 하지 않았던 사람들에게 명상 훈련을 시킨 뒤, 유전자 발현의 전반적인 상황을 명상 '전과 후'로 비교해봤다. 그 결과, 스트레스에 관여하는 유전자들의 발현이 감소한 것으로 확인됐다. 따라서 명상은 우리의 유전적 자산이 어떻든 우리가 물려받은 일부 소인들을 제한할 수 있다(적어도 이 연구에 따르면, 그러기 위해서는 강도 높은 명상을 해야 한다).

또 하나 주목할 생물적 변화는, 명상이 말단소체에 미치는 영향이다. 말단소체는 염색체 끝을 감싸고 있는 일종의 보호 마개다. 말단소체 복원효소는 염색체 복제가 일어날 때 염색체의 길이를

명상은 뇌에 어떻게 작용할까

방식	혜택	뇌의 위치
호흡, 소리, 물체 등에 초점을 맞추고 주의가 흐트러지지 않게 유지하기	이완, 감정의 완화, 정신 집중	전측 대상회피질
몸에 의식을 집중한 채 몸에서 일어나는 작용을 굳이 바꾸려고 애쓰지 말고 가만히 바라보기(허리를 펴고 똑바로 앉아서 양쪽 허벅지에 손을 얹은 자세)	신체적 표현에 따른 감정 상태의 변화를 빨리 감지하게 된다.	섬엽, 측두두정골 접합부
고통스러운 감정까지 포함해서 현재의 모든 감정을 수용하고, 그것들을 북돋우거나 억압하지 않고 흘러가는 대로 바라보기	부정적 감정들을 포용하게 되고, 비탄의 느낌과 반추가 줄어들며, 즐거운 감정을 더 기꺼이 즐기게 된다.	복내측 전전두엽피질, 배측 전전두엽피질, 해마, 편도체
자기 자신과의 관계 수정. 자신의 습관적 반응들에서 벗어나기	자신의 생각과 무의식적 판단에 대해 거리를 두고 바라보게 된다.	후측 대상회피질, 섬엽

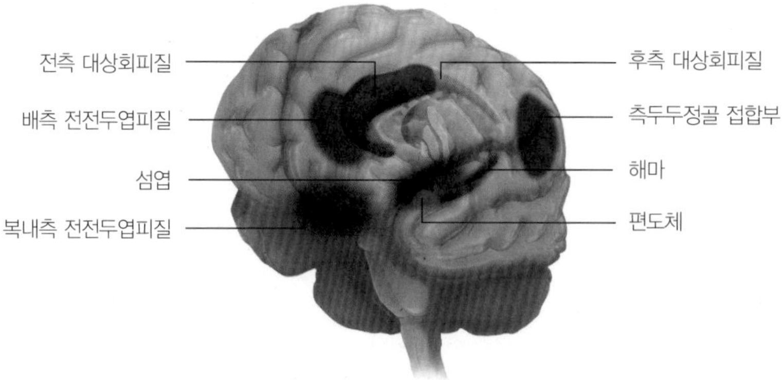

유지시키는 역할을 한다. 하지만 세포 분열 과정에서 말단소체의 길이가 조금씩 짧아지는 것을 완전히 막지는 못한다. 게다가 말단소체들은 스트레스에 민감해서 잘 손상된다. 2009년 엘리자베스 블랙번Elizabeth Blackburn은 이 효소의 발견으로 노벨 생리의학상을 받았다.

명상은 세포의 노화를 늦춘다

미국 캘리포니아 대학교의 신경과학자 클리퍼드 사론Clifford Saron 연구 팀이 프로젝트 샤마타Projet Shamatha라는 이름으로 진행한 중요한 연구는, 명상이 말단소체 복원효소의 활동을 촉진해 세포의 노화를 억제한다는 사실을 입증했다. 이 연구를 위해 이미 명상을 실천하고 있는 60명을 모집했다.

이 가운데 무작위로 선정된 30명은, 그들의 동의하에 3개월 동안 콜로라도 산속에 칩거하면서 하루에 약 6시간씩 명상을 했다. 나머지 30명은 대조군으로 사용됐다. 이렇게 했더니 다양한 심리 검사에서 분명한 변화(삶을 잘 통제하고 있다는 느낌과 삶의 의미 증가, 부정적 감정들의 감소, 상황에 대한 관조 능력 증가 등)가 생기고 말단소체 복원효소의 활동이 뚜렷이 증가하는 결과가 나왔다. 말단소체 복원효소의 활동은 심리적 변수들이 개선되는 것과 비례해서 증가했다. 따라서 이 효소의 활동 증가는 심리적 변수들의 개선을 보여주는 표지인 것처럼 보인다.

하지만 연구자들은 신중한 태도를 취한다. 만약 명상이 말단소체 복원효소에 영향을 미치고 그 결과 세포 노화에도 영향을 미치는 것이 확실하다면, 그 작동 원리는 정확히 무엇일까? 그것은 명상 자체의 특성일까, 아니면 명상으로 인한 회복의 결과일까? 운동, 사랑, 다양한 쾌락같이 우리의 주관적 행복을 증진시키는 다른 요소들도 명상처럼 말단소체 복원효소의 활동을 증가시킬 수 있을까?

감정적 행복을 증진시키고 긍정적 감정을 촉진한다는 점에서 명상이 모든 사람에게 좋다면 다른 긍정적 심리 변화들도 말단소체 복원효소에 영향을 미쳐야 할 것이다. 이것들은 앞으로 연구해볼 만한 좋은 주제다.

어쨌든 이 모든 연구 결과는 생태학적으로 유익하고 돈이 들지 않으며 매우 간단한 명상적 접근법이 건강과 노화에 큰 영향을 끼친다는 사실을 확실하게 보여준다. 운동이나 고른 영양 섭취처럼 말이다.

하지만 이것들과 마찬가지로 명상도 정기적으로 계속 실천해야 효과가 있다. 다시 말해 명상이 완전히 생활화되어야 한다. 문제는, 이렇게 하기가 어렵다는 점이다. 사실상 이런 생활방식은 우리 사회의 흐름과 매우 동떨어져 있기 때문이다.

사회는 우리를 그 반대 방향으로 빠르게 추진시키고 있으며, 몸을 움직이지 않는 생활을 하도록 부추기고, 불균형적인 식단에 노출시킨다.

명상은 일종의 은근한 혁명이다! 적어도 우리의 생활방식에서만큼은 그렇다.

10 소비의 함정을 조심하자!

크리스토프 앙드레

자극은 많고 소비할 것은 넘친다. 우리 사회는 인간의 심리적 기본 욕구와 적절히 조화를 이루고 있을까? 그렇지 않다. 하지만 우리에게는 선택권이 있다.

시간은 없고, 영상은 많고, 먹을거리는 넘친다. 이것은 고통받는 시대의 3부작. 우리는 끊임없이 무엇인가를 좇아 달린다. 버스를, 학교에서 데려와야 할 아이를, 그리고 약속을. 전화와 메시지와 영상과 광고는 우리를 압도한다. 그리고 수많은 선택이 우리를 괴롭힌다. 유기농 시리얼을 먹을까, 에너지 바를 먹을까? 휴대전화 약정은 이걸로 할까, 저걸로 할까? 대형 마켓 선반에는 화분이 즐비한데 숲은 사라지고 있다. 이것은 사회 오염이다.

또 다른 오염은 다이옥신 또는 우라늄 오염이다. 이것들은 이산화탄소와 차원이 다르다. 이 오염은 인간의 환경에 의해 퍼지는 것이며 물리적·화학적 오염보다 확인하기가 훨씬 어렵다. 하지만 그 폐해는 이제 막 연구되기 시작했다. 소비·물질 사회의 특징은 지나치게 풍족한 환경, 그리고 시민들의 주의력과 결정력에 대한 압박이라고 할 수 있다. 선택의 폭이 넓어졌다는 것이 복지를 뜻하지는 않는다. 슈퍼마켓에서 수십 종의 치약 가운데 하나를 고르는 일은 심리적 긴장을 유발하고 인지 자원을 고갈시킨다(그로 인해 정신의 능률도 떨어진다).

과도한 선택이 우리를 지치게 한다

선택이 많을수록 스트레스도 많다. 다시 말해 과잉은 폭력이다. 최선의 선택, 최고의 가격을 찾는 일은 적정선에서 선택을 끝내는 것보다 감정적 비용이 많이 들고, 삶에서 진짜로 중요한 일에 써야 할 인지 자원을 고갈시킨다.

주의 끌기와 지속적인 사고의 방해는 더 은밀한 방식으로 우리를 해친다. 길을 갈 때면 광고가 계속 시선을 끌어당긴다. 글을 읽을 때나 텔레비전을 볼 때 특히 인터넷을 볼 때도 마찬가지다. 하루 종일 전화가 울리고 문자메시지나 이메일이 온다. 그렇지 않을 때는 우리 자신이 전화를 하거나 이메일을 확인하고 싶은 유혹을 느낀다…….

이 수많은 방해거리는 우리의 감정적 균형을 흔들고 주의력을 소진시킨다. 일일이 반응하기도 어려울 정도로 권유와 유혹과 선동이 난무하는 이런 환경에서 오는 숱한 자극은 말할 것도 없다. 이 지속적 불안정은 필연적으로 충동구매, 병적 허기증, 주의력 장애, 그 밖에 다른 충동 장애들을 유발한다.

우리의 정신을 오염시키는 이런 것들 앞에서 우리는 어떻게 해야 할까? 변화나 발전은 거부하지 않으면서, 이 진화의 일부 측면에 대해서는 그 필요성에 의문을 제기하는 것이다. 모두가 알다시피, 사회적 진화와 특히 기술적 진화는 생물적 진화보다 훨씬 빠르다. 스트레스는 잘 알려진 예다. 스트레스로 인한 질환들은 우리 몸이 스트레스 유발 요인들을 접했을 때 수천 년 전과 동일한 반응(투쟁 또는 도피)을 하기 때문에 생기는데, 지금과 그때의 스트레스 유발 요인은 동일하지 않다. 일상에 걱정거리가 있다고 해서 우리가 몸으로 싸우거나 도망칠 필요는 거의 없다.

사회 오염에 어떻게 대처할까?

하지만 교통체증으로 꼼짝도 할 수 없을 때 또는 성가신 일이 생겼을 때 우리 몸에서 일어나는 스트레스 반응은, 영양을 뒤쫓을 때 또는 사자에게 쫓길 때 우리 몸이 준비했던 반응과 동일하다. 몸이 동원되고 근육은 수축하는데, 그 문제를 신체적으로 해결할 수 없어 긴장과 경련이 일어나는 것이다.

우리의 생활 조건은 인체보다 더 빠르게 변화하기 때문에 우리는 무의식적으로 기본 욕구들을 만족시키고자 한다. 주로 앉아 있는 시간이 많은 요즘 생활방식을 예로 들어보자. 기술의 발달(이동 수단, 기계, 도구)로 몸 쓸 일이 줄어들면서 본능적으로 우리는 일정한 신체활동 욕구를 느끼게 됐고, 그래서 점점 운동에 몰두한다.

최근에는 이와 똑같은 현상이 다양한 명상적 행위(영적 은둔, 자기 계발, 심리 치료)를 장려하는 것처럼 보인다. 음악도 영상도 글도 활동도 없이 한자리에 머무르면서 존재를 가만히 느끼는 시간이 점차 사라지자, 오히려 이것이 휴식과 무위無爲의 시간을 회복해야 할 필요성을 불러온 것 아닌가 싶다. 인간에게는 신체활동이 필요하듯이 느림, 연속성, 침묵, 안정도 필요하다. 그리고 정기적인 명상은 이런 것들을 우리에게 가져다준다.

아무것도 하지 않음으로써 행복하다

따라서 각자 자신을 돌보는 것이 사회적 오염에 대한 1차적 방어다. 하지만 이것만으로는 충분하지 않다. 보호적 생활방식을 추구하기 위해 필요한 정보나 힘을 모든 시민이 갖고 있는 것은 아니기 때문이다. 그리고 오염이 심해지면 언젠가는 오염원 자체를 없애야 하는데, 이것은 집단적·정치적 차원에서 결정해야 할 문제이기 때문이다.

그러나 정치적 결정은 과학적 증거들을 고려하느라 종종 시간이 많이 걸린다. 담배의 예는 유명하다. 담배와 암의 연관성이 확실하게 밝혀진(1950년대 말) 이후 금연법이 최초로 발포되기까지(프랑스의 경우 2006년) 40년 이상이 걸렸다. 사회 오염도 마찬가지일 것이다. 폭력적 영상에 대한 논쟁이 이것을 잘 보여준다. 연구자들이 대중 매체와 비디오 게임에서 빈번하게 사용되는 폭력적 영상이 유해하다는 데 의견을 같이하면서 그 빈도를 제한해야 한다고 주장한 것이 10년 전이다. 그런데 아직도 여기에 대한 규제는 전무하다.

따라서 지금으로선 시민이 나서서 그 일을 대신하는 수밖에 없다. 예를 들어 브리가드 앙티펍Brigades AntiPub이나 생플리시테 볼롱테르Simplicité volontaire*는 물질주의에 의해 가공된 우리의 일상 환경이 인간의 기본 욕구들을 방해한다는 전제하에 프랑스에서 시민운동을 전개하고 있다. 손 씻기 같은 개인 위생은 언제나 집단에 영향을 끼친다. 이것은 심리적 위생도 마찬가지다.

* 브리가드 앙티펍은 인간과 사회와 환경을 보호하기 위해 광고를 감시하는 시민 단체, 생플리시테 볼롱테르는 소비를 줄이고 단순한 삶을 지향하는 시민운동—옮긴이.

11

변화, 좋지. 그런데… 언제, 어떻게, 무엇을?

로제 죙브뤼넨

거듭되는 실패, 발전하고 싶은 마음, 새로운 상황. 인생에는 변화가 필요한 순간들이 있다. 삶의 방식을 근본적으로 바꾸는 것은 가능하다. 배우면 된다. 단, 작은 단계로 나눠 진행하는 것이 좋다.

시간과 경험이 우리의 몸과 삶의 방식을 조금씩 바꾸면서 우리는 계속 변한다. 우리가 변하는지 아닌지는 물을 필요가 없다. 이것은 분명한 사실이니까. 그 대신 이렇게 물어보자. 환경과 시간 때문에 마지못해 변하는 것 말고, 자신이 원하는 대로 변할 수는 없을까? 바람직한 쪽으로 나아갈 선택권이 우리에게 있을까?

사람은 자기 뜻대로 변할 수 있지만 그 여지가 많지 않다는 점을 인정해야 한다. 행동이란 주어진 상황에서 처신하고 생각하고 느끼는 방식이다. 변화란 더 적합한 새로운 행동을 배우고 무익하거나 해로워진 예전 행동을 버리는 것이다. 이것이 바로 행동의 출현, 유지, 소멸을 지배하는 학습의 '법칙'이다. 이 법칙을 따르는 것이 변화를 이끌어낼 수 있는 가장 효과적인 방법이다. 지금부터 그 요령을 살펴보려고 한다. 이것은 공부나 직업 교육 또는 운동에서 적용되는(또는 적용되어야 하는) 원리다.

변화는 배울 수 있다

공부와 직업 교육과 운동처럼 심리 치료도 변화를 가르치는 학교다. 심리 치료사의 일은 피상담자가 행동하고 반응하는 방식을 바꿀 수 있게 돕는 것이다. 우울증으로 힘들어하는 환자를 예로 들어보자. 이 사람은 삶의 한 시기에, 과거에 '몰랐던' 것들을 새로 '배웠다'고 볼 수 있다. 만사를 우울하게 보는 법, 자신의 인생과 직업과 여가 생활과 때로는 자기 자신에게까지 관심과 의미를 부여하지 않는 법을 배운 것이다. 또 예전에는 사적으로나 직업적으로 즐겁게 했던 것, 이를테면 친구와 술을 마신다거나 영화를 본다거나 테니스 치는 것을 포기하는 법을 '배웠다'. 이 경우 심리 치료사는 환자가 포기한 것들을 '다시 배우도록' 이끄는 코치 역할을 한다. 이렇게 해서 환자는 더 현실적이고 덜 우울한 관점에서 자신의 상황을 보게 된다.

여러 심리 치료법 가운데 인지 행동 치료는 변화 과정에 가장 관심이 많고 특히 학습 법칙을 분명한 근거로 삼고 있다. 심리 장애를 치료하는 데 인지 행동 치료의 효율성이 전 세계적으로 인정받는 이유는 아마도 이 때문일 것이다. 이 치료법은 1950년대와 1960년대에 주로 미국과 영국에서 발전했는데 처음에는 환자들의 행동, 다시 말해 처신하는 방식을 수정하는 데 치중했다. 그 뒤 1970년대에 미국에서 에런 벡Aaron Beck, 앨버트 엘리스Albert Ellis, 앨버트 밴듀라Albert Bandura가 구상한 인지 치료법이 새롭게 출현했다. 이렇게 해서 관심은 문제적 행동의 인지적 차원, 다시 말해 자기 문제를 대하는 환자의 생각 쪽으로 이동했다.

실제로 문제적 상황에서는 환자가 자기 자신에게 하는 말이 바뀐다(예를 들어 우울증 환자는 자신에게 부정적으로 말한다). 이러한 인지 왜곡은 관점의 착오와 같아서 문제를 악화시킨다. 20년 전부터 인지 행동 치료는 행동의 세 번째 차원, 즉 감각과 감정의 차원에 많은 관심을 보이고 있다. 인지 행동 치료의 이 분파는 종종 제3의 물결로 불린다. 현재 앞의 두 분파는 완전히 통합됐으며, 치료적 효과를 확실하게 인정받았다. 세 번째 분파는 아직 만들어지는 중이며, 명상을 포함한 다양한 분야의 기법들을 아우르고 있다.

변화의 법칙은 공부나 직업 교육이나 심리 치료에서 부딪히는 문제들에만 적용되는 것이 아니다. 이것은 모든 행동 양상에 두루 적용된다. 우리는 거의 인생 내내 변화의 법칙을 본능적으로 활용한다. 인간관계에서, 연애나 성생활에서, 직업에서, 역할이 끝난 행동들은 버리고 새로운 행동들을 조금씩 통합하며 앞으로 나아가는 것이다. 변화가 원하는 대로 이뤄지지 않을 때 인지 행동 치료에서 사용하는 기법을 차용하지 않을 이유가 없다. 이것은 심리 치료 전용이 아니기 때문이다.

이 기법은 스트레스나 불면증, 비행 공포증 등 우리가 일상에서 접하는 많은 문제에 적용할 수 있다. 심리 치료사의 도움 없이도 말이다. 하지만 변화 과정을 잘 안내해주는 유익한 지침서들을 참고하는 편이 더 바람직하다. 책마다 주제는 다르지만 일반적으로 다루는 내용은, '근본적 변화'를 원하는 사람들이 묻는 다음 질문들이다. 언제 바꿀까? 무엇을 바꿀까? 어떻게 바꿀까?

변화가 필요한 시점

언제 바꿀까? 변화가 필요하거나 적어도 이것을 고려해봐야 하는 세 가지 상황이 존재한다. 뭔가 일이 잘 풀리지 않는다고 느낄 때, '지금도 괜찮긴 하지만 더 잘되고 더 좋아질 수 있는데'라는 생각이 들 때, 새로운 상황에서 평소처럼 대응하는 것이 적절하지 않다는 사실을 깨달았을 때.

첫 번째 경우, 우리는 부정적인 것을 긍정적인 것으로 대체하고 싶다. 예를 들면 연애나 일에서 실패를 거듭한다거나, 일이나 사생활에서 갈등이 생겼다거나, 중요한 단계를 뛰어넘지 못하고 있을 때, 우리는 자연히 쓸데없고 해로운 짓을 한다. 술과 음식과 인터넷에 의존하고, 한없이 소심해지고, 사람이 많은 장소를 피한다…….

변화가 필요한 두 번째 상황은, 이를테면 더 번창하고 직업적으로나 여가 생활(예를 들어 운동이나 예술활동)에서 더 발전하며 인간관계에서 더 편안해지기를 원하는 상황이다. 이 자기계발 분야는 사람들의 기본 욕구(의식주와 이동)가 대부분 충족된 서구 사회에서 최근 몇 년 전부터 전례 없이 확장되고 있다.

전형적인 세 번째 경우는, 새로운 상황이 불시에 닥쳐 평소 하던 식으로는 대처하기 힘든 경우다. 실직, 갑작스럽게 발현된 심각한 질환, 사랑하는 이의 죽음 등. 새로운 상황은 결혼이나 승진처럼 좋은 일일 수도 있는데, 여기서 주목할 사실은 이것이 능력 이상의 도전이라는 점이다. 평소 적응 능력으로는 감당할 수 없을 정도로 중요하고 낯선 상황을 가리켜 위기 상황이라고 한다. 위기는 태도의 변화를 요구한다. 설사 예상을 크게 벗어나지 않고 그렇게까지 낯설지 않은 상황이라고 해도 우리의 대처 방식을 바꿔야 할 때가 종종 있다.

이미 2000년 전에 그리스 철학자 에픽테토스Epiktētos는 말했다. 세상일에는 우리에게 속한 것이 있고 속하지 않은 것이 있다고. 우리에게 속하지 않은 것을 바꿀 방법은 없으며, 그것은 소용없는 짓이다. 무엇보다 타인의 행동과 우리에 대한 그들의 견해는 우리 능력으로 바꿀 수 없다. 만약 배우자나 자녀나 상사나 직원 같은 다른 누군가를 변화시켜 우리의 상황을 개선해보고자 한다면 그 꿈은 버리는 게 좋다! 우리는 자신만을 굴복시킬 수 있으며 다른 사람을 좌지우지하려고 하면 사이만 틀어진다. 그러니 우리에게 속해 있는 것에 집중하는 편이 낫다. 우리가 갖고 있는 것은 그것, 오로지 그것뿐이기 때문이다. 핵심은, 주어진 상황에서 처신하고 생각하고 느끼는 우리의 방식이다.

우리에게 속한 것만 바꿔라

우리가 처신하는 방식은 행동의 첫 번째 차원으로, 문제적 상황에서 취하는 우리의 행동이다. 우리는 이것을 더 적절한 행동으로 바꾸고 싶어 한다. 좋아하는 여자아이에게 다가가지 못해 괴로워하는 소심한 남자아이를 예로 들어보자. 여자아이 앞에서 이 아이는 어떻게 행동할까? 여자아이에게 다가가서 이런저런 방법으로 관심을 표현하는 대신 구석에 숨어 아무 말도 하지 않는다. 그게 제일 쉬우니까!

우리가 생각하는 방식은 행동의 두 번째 차원이며, 바뀌었으면 하는 상황에서 머릿속으로 자신에게 하는 말이다. 앞에서 예로 든 남자아이에게 어떤 생각을 했는지 물어보면 이렇게 대답하지 않을까.

"좋아한다고 고백하고 싶은데 못 하겠어. 보나 마나 재가 날 비웃어서 웃음거리가 될 거야!"

행동의 세 번째 차원은 우리가 상황을 느끼는 방식, 즉 우리의 감각이다. 우리는 신체 내부의 상황을 알려주는 수신기(심장박동 수, 호흡수 등)와 감각 기능(시각, 청각, 촉각 등)을 통해 이것을 지각한다. 감각을 행동이라고 이해할 경우, 각각의 감정은 개별적 행동이 된다. 감각적 차원은 대단히 중요하며 앞의 두 차원을 지배한다. 치명적일 수도 있는 매우 중요한 문제가 발생했다고 인체가 '느끼면', 그 판단이 옳든 그르든 감정들이 불시에 일어난다. 이런 이유로 감정적 상황에서는 몸이 동원되고(심장 박동이 빨라지고 근육이 긴장하며 호흡이 가빠진다) 신체 감각들이 행동의 일선에 나선다. 좋아하는 여자아이와 마주쳤지만 다가가지 못하는 소심한 남자아이는 그 순간 얼굴과 상체에서 열이 나고 식은땀이 흐르며 심장은 뛰고 목은 타고 위장도 쪼여들 것이다.

여자아이가 비웃어서 웃음거리가 될 거라는 생각을 남자아이가 실제로 하고 있다면, 스트레스로 인한 이 모든 불쾌한 감각들을 느끼면서 구석에 숨어버리는 것도 이해할 만하다. 세 차원의 행동들이 마치 눈뭉치처럼 서로 뭉쳐지는 모습을 머릿속으로 그려보자. 한 차원이 다른 두 차원과 합쳐지면 큰 덩어리가 된다.

눈뭉치 모델은 행동을 더 단순한 세 요소로 분해한다. 그러면 이것들을 수정하는 것이 가능해진다. 많은 경우 행동은 굉장히 복합적이어서 직접 수정하기가 어렵다. 세 요소 가운데 하나를 수정함으로써 다른 두 개를 수정할 수 있는 이유도 이 모델을 통해 이해할 수 있다. 전반적인 변화를 이끌어내기 위해 반드시 세 차원의 행동들을 한꺼번에 수정해야 하는 것은 아니다.

예를 들어 소심한 남자아이가 자신의 비관적 생각을 덜 끔찍한 생각으로 대체한다고 상상해보자. '내가 다가간다고 해도 잰 나한테 관심 없다고 말할지 몰라. 그거야 재 권리지. 하지만 적어도 시도는 했고, 지금보다 더 나빠질 것도 없어. 다행히 날 거절하지 않는다면 진짜 좋겠지!'

남자아이가 자기에게 이런 말을 한다면 이 말은 아이의 용기를 북돋워 여자아이에게 다가가게 할 확률이 높다. 남자아이는 또한 감각을 조절하고 긴장을 푸는 법을 배우고 불쾌한 신체적 반응들을 극복하려고 노력할 수도 있다. 그러면 기분이 나아져 더 과감해질 수 있을 것이다. 마지막으로, 아이는 이를테면 친구나 형제한테 여자아이 앞에서 어떻게 행동하고 무슨 말을 해야 할지 물어봄으로써 자신의 행동 방식을 고칠 수도 있다. 아이가 이렇게 할 경우 그의 생각들은 곧바로 현실에서 시험을 받는다. 십중팔구 그의 끔찍한 예측은 적어도 가장 힘든 선("재가 비웃어서 난 웃음거리가 될 거야")을 넘지 않을 테고 그 결과 고통스러운 신체 감각들은 완화될 것이다. 따라서 행동의 세 차원은 서로 연결돼 있다. 행동들 간의 이와 같은 연결은 변화를 방해하기도 하지만 변화를 시작하는 데 쓰일 수도 있다.

무익해진 행동을 잊어버리기 위해서는 더 이상 그 행동을 해선 안 된다. 그러면 그 행동은 차차 사라진다. 말하기는 쉽지만, 새로운 행동을 습득하는 것과 마찬가지로 그렇게 하기란 간단치 않다. 여기에 도움이 되는 두 가지 방법이 있는데, 이것들은 서로 조화롭게 보완되고 보통 순차적으로 사용된다. 첫 번째 방법은 '수용하기'이며 두 번째 방법은 '다르게 하기'다.

수용하기란 새로운 환경에 반복적으로 자신을 노출해 익숙해지는 것이다. 이 학습 방법은 19세기 말 러시아의 의사 이반 파블로프가 찾아냈다. 이 변화 방식에서는 예전 행동이 새로운 환경에 응용된다. 아이는 걷는 법, 다시 말해 균형을 잡고 두 다리로 서서 앞으로 나가는 법을 이미 알고 있다. 그래서 이 행동을 새로운 맥락에 적용하면서 다른 상황으로 확대시킬 수 있다. 이렇게 해서 아이는 자전거를 배우고, 수영을 배우고, 암벽도 기어오르게 된다.

수용하기

습관화는 운동신경을 이용한 여러 가지 행위(운동, 예술, 기술의 경우), 언어를 비롯한 다양한 지식, 그리고 대부분의 일상적 행동들을 습득하는 토대다. 이런 것들을 습득할 때 우리는 주어진 환경에서 어떤 하나를 숙달하는 것부터 시작한다. 그런 다음 이 기술은 처음 환경에서 점점 멀어져 다른 상황들로 전이된다. 새로운 상황을 회피하는 대신 거기에 반복적으로 노출되기, 달리 말해 수용하기는 새로운 행동을 점진적으로 동화할 수 있게 도와준다. 영어를 배우고, 피아노를 치고, 여자를 포옹하고, 직장에 지원하는 일 등이 모두 여기에 해당한다. 습관화는 행동의 세 차원에 모두 적용될 수 있다.

새로운 행동 방식을 강화하려면 이것이 새로운 습관으로 자리 잡을 때까지 반복적으로 계속해야 한다. 많은 사람 앞에서 중요한 기획안을 발표하는 것에 두려움을 느낀다면, 덜 중요한 주제로 친구들 앞에서 발표하는 것부터 시작해 소규모 모임으로 차츰 옮겨갈 수도 있다. 앞에서 거론했던 남자아이의 경우에는, 여자아이에게 말을 걸기 전에 먼저 친한 친구들이나 반 친구들 앞에서 말을 해본 뒤, 별로 관심 없는 여자아이들에게 말을 걸어보고, 마지막으로 자기가 좋아하는 여자아이에게 다가가는 것이다.

습관화는 생각하는 방식에도 적용된다. 우리는 이것을 사용해 불쾌한 감각이나 생각의 영향을 약화시킬 수 있다. '친구가 날 버릴 거야', '일자리를 잃게 될 거야'와 같은 괴로운 생각들이 불현듯 떠오르면서 머리에 맴돌 때가 종종 있는데, 이것은 누구나 그렇지 않을까? 이런 경우 괴로운 생각을 피하려고 애쓰는 대신 의도적으로 자신을 여기에 노출시키는 것도 방법이다. 끔찍한 예측을 여러 차례 상상하면 고통스러운 효과가 약해진다. 생각은 여전히 그 자리에 있지만 이전보다 불안과 고뇌를 덜 불러일으킨다. 우리가 거기에 익숙해지는 것이다.

마지막으로, 습관화는 감각에도 적용된다. 불쾌하거나 통제하기 어려운 감각들을 의도적으로 불러냄으로써 여기에 익숙해지면 이것들의 강도가 약해진다. 운동이든 기술이든 직업이든 예술이든 이 원칙에 의거해서 연습한다. 불쾌한 감각을 유발하는 일상적 행동들에 대해서도 우리는 이런 식으로 연습할 수 있다.

다르게 하기: 작은 변화가 큰 혁신을 이뤄낸다

러시아에서 파블로프가 노출을 통한 학습을 발견한 거의 같은 시기에 미국에서는 심리학자 에드워드 손다이크Edward Thorndike가 다른 학습 방식을 내놓았다. 이 방식에서는 현재의 행동이 제시하는 길이 아닌 다른 길을 찾아서 간다. '수용하기'는 이전의 수단을 이용해 새로운 상황을 숙달하는 것이고, '다르게 하기'는 더 적합하거나 더 효과적인 새로운 행동을 모색하는 것이다.

처신하고 사고하고 느끼는 방식을 바꿔 행동을 혁신할 수도 있다. 일하는 방식을 새롭게 바꿔 일 자체를 쇄신하는 것처럼 말이다. 인지 치료는 '다르게 하기'를 사고방식에 적용해 상황을 다르게 보려고 애쓰는 것이다.

새로운 감각으로 무익하고 불쾌한 감각들을 대체하는 것도 어느 정도 가능하다. 이완과 명상은 내적 감각을 바꾸는 데 도움이 된다. 외모(머리 모양, 옷차림)나 환경(가구, 벽 장식)의 변화는 우리의 감각을 바꾸는 손쉬운 방법이다. 이것만으로도 삶을 다르게 바라보게 되고 다시 힘을 얻을 때가 많다.

변화를 시도해서 성공할 확률을 높이려면 몇 가지 주의할 점이 있다. 첫 번째는, 정확하고 구체적인 목표를 설정하는 것이다. 이것은 제거할(또는 줄일) 행동과 획득할(또는 늘릴) 행동을 확실히 정하는 것에서부터 시작된다. 도달하고자 하는 목표는 애매하거나 추상적이지 않고 구체적이어야 한다. '날씬해지기'가 아니라 '덜 먹기와 더 움직이기'를 목표로 삼아야 한다는 말이다.

한 가지 중요한 세부 사항이 있다. 문제를 1인칭으로 표현해야 한다는 점이다. 우리는 자신의 행동만 바꿀 수 있으니까. "여자아이들은 나한테 관심이 없어"보다는 "나는 너무 소심해"라고 말해야 한다! 목표는 현실적이어야 한다. 혁명보다는 조금씩 발전하는 것을 목표로 삼을 것. 따라서 처신하고 생각하고 느끼는 방식의 변화는 구체적이고 체계적이며 현실적인 단계를 밟아나가는 것이다. 다이너마이트보다는 톱을 사용하는 꾸준함이 필요하다. '오르막을 올라가야 하는' 어려운 순간들이 있다. 혼자서는 도저히 도달하지 못할 것 같다는 느낌이 들 때는 주변 사람들이나 전문가에게 언제나 도움을 받을 수 있다는 사실을 잊지 말자.

12 단식과 삶의 질

크리스토프 앙드레

단식은 조건을 잘 갖춰 바르게 실천할 경우, 뇌 기능과 건강에 좋은 효과가 있다.

사도 마태오는 자신의 복음서에서 예수님이 '40일을 밤낮으로 단식하시고 나서 몹시 시장하셨다'고 말한다. 하지만 예수님이 기적을 행한 것은 아니다. 우리도 대개는 40일 동안 단식할 수 있기 때문이다(단, 물을 충분히 마신다는 조건에서). 단식은 여러 종교와 전통 의학에서 거론됐지만 현대 의학에 의해 무시되고 공격당했다. 그러나 이제 다시금 중요한 과학적 연구 대상으로 부상하고 있다.

단식은 미용이나 건강을 위해 음식을 양적·질적으로 조절하는 단순한 식이 요법이 아니다. 이것은 더 근본적인 방식으로, 특별한 적응 반응들을 촉발할 목적으로 일정한 기간 일정한 간격으로 영양 섭취를 중단하는 것이다.

필수 에너지원인 포도당(설탕)이 외부에서 들어오지 않으면 우리 인체는 우선 몸의(특히 근육 속의) 단백질에서 이것을 합성하고 그런 다음 몸에 비축된 지방의 지질*을 재빨리 사용한다. 이때는 간이 지질을 분해해, 포도당을 대체하는 케톤체를 만들어낸다. 장기간 단식에 대한 의학 연구에 따르면, 근육 단백질에서 포도당을 만드는 것은 매우 제한적으로만 이뤄진다. 비축 지방이 모든 중요한 내장기관에 영양을 정확히 보급하기 때문이다. 그중에서 포도당을 가장 많이 소모하는 뇌는 단식으로 인해 전혀 피해를 입지 않고 기능이 지연되는 일도 없다.

기분과 인지 능력의 향상

단식은 인간의 경우 기분과 주의력을 향상시키고 동물의 경우 학습 능력과 기억력을 증진시키는 효과가 있다는 대단히 놀라운 사실이 여러 연구를 통해 입증되고 있다. 이것과 관련해서는 몇 가지 작동 원리를 생각해볼 수 있는데, 그중 하나는 이런 인식 능력에 관여하는 세로토닌과 엔도르핀의 대뇌 이용률 증가다.

---

* 단백질, 당질과 함께 생체를 구성하는 주요 유기물질군 — 옮긴이.

어떻게 이런 변화가 일어나는 것일까? 아마도 진화적 원인 아닐까 싶다. 자연에는 먹을 것이 부족할 때가 많기 때문에 대부분의 동물은 오랜 굶주림에 적응해야 했을 것이다. 사실상 얼마 동안 아무것도 먹지 않는 것이 가능해야 했고, 그러면서도 동물들의 운동 능력과 대뇌 능력은 보존되어야 했다. 먹을 것을 계속 찾기 위해서는 이 두 가지가 필수불가결한 조건이었기 때문이다.

사소한 것에서부터 특별한 것에 이르기까지 동물들의 단식 능력을 보여주는 사례는 많다. 철새들은 아무것도 먹지 않고 수천 킬로미터를 이동하며, 남극에 사는 황제펭귄은 넉 달 동안 굶는다(특히 수컷이 알을 품을 때). 이때 황제펭귄의 몸에 비축된 지방은 거의 90%가 소모되지만 단백질은 단 5%만 소모된다. 일부 사회에서는 먹을거리가 남아도는 지금 같은 시대는 예외겠지만, 인간도 진화 과정에서 수많은 기근을 겪으면서 굶주림을 경험했기 때문에 여기에 적응할 능력을 지니고 있을 가능성이 상당히 높다.

단식과 건강

단식이 건강에 미치는 영향에 관해 많은 연구가 이뤄졌는데, 그 결과들이 상당히 놀랍다. 단식이 당뇨병이나 관절염 같은 질환에 도움을 준다는 사실은 현재 잘 알려져 있는데, 그 외에도 파킨슨 질환과 알츠하이머 질환, 일부 심혈관 질환에 대한 방어 인자로서 역할도 하는 것 같다.

원리가 아직 명확하게 밝혀지지는 않았지만, 최근에는 암 분야에서 항암 치료 전후 짧게 단식을 하면 치료 효과가 상당히 증진될 가능성이 있다는 놀라운 연구 결과가 나왔다. 그리고 이 결과는 다른 연구들을 통해 재확인됐다.

이 분야의 연구를 처음 시작한 사람은 서던캘리포니아 대학교의 생물학자 발터 롱고Valter Longo다. 그는 단식이 단세포 생물의 수명을 연장시킨다는 사실을 확인한 뒤, 생쥐를 비롯한 다른 동물들로 연구를 확대했다. 그리고 정기적인 열량 제한이 생명체 대부분의 수명을 늘린다는 결론에 도달했다. 반면에 암세포 같은 비정상적 세포들은 열량 제한을 잘 견디지 못하는 것처럼 보인다. 이것들은 성장과 증식에 많은 에너지가 필요하기 때문에 열량 제한에 더 취약하다(이 덕분에 항암 치료 효과가 커진다).

단식에 관한 수많은 연구와 가설을 여기에서 자세히 설명할 수는 없지만, 의사의 관점에서 보기에 이 자료들은 무척 인상적이었다. 그래서 나는 일주일 동안 완전 단식(물, 차, 맑은 야채국만 먹는 단식)을 직접 실천해보기로 결심했다.

맑은 정신

내가 주목한 점은 네 가지다. 우선, 허기를 쉽게 통제할 수 있다는 점이다. 단, 식욕을 자극하는 환경에 노출되지 않아야 한다. 따라서 사람들에게서 벗어난 장소(단식 센터나 외진 장소)에서 단식을 배우는 것이 유리하다. 두 번째로는, 강도 높은 신체활동을 계속할 수 있다는 점이다. 내 경우에는 매일 아침 노르딕 스키를 서너 시간 탔는데 별로 힘들지 않았고 저혈당이 생기지도 않았다. 세 번째로는, 이렇게 몸을 심하게 쓴 뒤에도 낮에 졸음이 오지 않고 정신이 명료했다는 점이다. 마지막으로, 다시 음식을 먹기 시작하면서 정말 행복했다!

여기서 분명히 짚고 넘어가야 할 사실은, 적절한 환경에서 자신의 의지로 선택했고 언제든 그만둘 수 있는 이런 식의 단식은 기근 때문에 굶는 경우와 전혀 관계없다는 점이다. 기근의 경우에는 스트레스가 심각한 영향을 끼친다.

지금 의학계에서는 단식과 명상이 유행이다. 한 경우는 먹을거리를 제한하고, 다른 경우는 유혹과 오락을 제한한다. 우리의 과잉 사회는 한계에 부딪혀, 사람들은 모종의 신호를 직관적으로 감지한 것처럼 보인다. 우리의 건강과 능력을 보호하기 위해서는 생활 조건을 바꿔 '계속 더 많이'가 아니라 '훨씬 적게'를 지향해야 한다. 어떤 이들은 이것을 가리켜 쇠퇴라고 하지만 어떤 이들은 안빈낙도라고 한다.

13 신경을 치료해주는 음악

에마뉘엘 비강 & 바르바라 틸만

음악은 종종 우리에게 강한 감정을 불러일으키며 뇌의 거의 모든 부분을 자극한다. 음악에는 다양한 뇌 질환과 정신 질환을 치유할 수 있는 많은 가능성이 있다.

아득한 옛날부터 음악과 건강은 밀접한 관계가 있었다. 이집트의 피라미드에 그려진 그림을 보면, 음악으로 뱀에 물린 상처를 치료한다. 타란텔라 같은 민속무곡은 타란툴라에 물렸을 때 이 춤을 추면 낫는다는 전설에서 비롯됐다. 지금도 이탈리아의 풀리아 지방에서는 여름밤에 타란텔라 축제가 열린다.

음악은 보편적으로 존재하며, 사람들은 다양한 미덕을 음악에 부여하곤 한다. 병으로 마음이 불안할 때면, 근거는 없지만 왠지 마음을 안심시키고 희망을 주는 생각들을 떠올리게 된다. 빛이나 음식이나 예술 같은 것들에 힘이 있다고 믿는다면 음악도 당연히 그렇지 않을까? 음악을 의술에 활용한다는 생각은 단지 미신에 불과할까?

이 질문들은 음악 치료 영역에서 오래전부터 논의돼왔다. 피타고라스의 전기를 쓴 이암블리코스Iamblichos(242~325)는 이 철학자가 "사람들의 마음 상태를 정반대로 돌려놓았고 (…) 눈물, 분노, 연민, 불합리한 욕망, 온갖 욕구, 과도한 감정과 욕망, 무력증, 과대망상, 공격성 같은 마음의 동요가 마치 약을 조제하듯 세심하게 조율된 적절한 음률을 통해 바르게 회복되었다"고 기술하고 있다.

소외된 이들을 다시 이어주는 음악의 힘

음악의 힘은 속담에서 말하는 '풍속의 순화'에만 한정되지 않는다. 음악은 감정을 불러일으켜 사람들 사이의 정보 공유를 도와주기도 한다. 이것은 여러 가지 원인으로 병이 들었거나 통상적인 의사소통 규칙을 상실한 사람들도 예외가 아니다. 음악은 언어 없이 사람들과 교류할 수 있는 수단이며, 음악 치료는 바로 이 특성을 활용한다.

음악이 상담사와 환자의 관계를 풍요롭게 만들어준다는 데 이의를 제기할 사람이 있을까? 음악의 의학적 사용에 대한 과학적 타당성은 간단히 규명할 수 있는 문제가 아니지만 현재 신경과학 연구

들이 입증하는 바에 따르면, 음악은 다양한 질환을 완화시킬 수 있다. 음악의 교류적 힘은 여기에서 결정적 역할을 한다.

한 예로, 우리는 말기 알츠하이머 질환자들을 보호하는 시설에서 음악 수업을 하고 있다. 우리가 악기를 가지고 교실에 들어가도 환자들은 거의 반응이 없다. 연주를 시작하는 순간에도 아무런 반응이 없다……. 그런데 연주가 시작되면 즉시 표정이 조금씩 살아나는 것이 보인다. 수업이 진행될수록 환자들의 얼굴에 미소가 떠오르며 후렴을 따라 부르기 시작하고 몸에 활기가 돌아 때로는 느닷없이 자리에서 일어나 왈츠를 추는 사람도 있다. 수업에 따라서는 분위기가 너무 즐거워 음악 치료가 길어지기도 한다. 그래서 한 시간 반이 넘도록 수업을 끝내기 어려운 경우도 생긴다.

음악이 소외된 이들에게 다가가는 모습을 보여주는 또 한 가지 예로, 뇌졸중으로 쓰러진 80대 여성이 있었다. 우리는 응급처치가 끝나고 몇 시간 뒤에 그녀를 만났다. 여성은 실어증(말하는 능력이나 글·음성으로 전달되는 정보를 이해하는 능력이 손실되는 것)이 생겨 전혀 말을 하지 못했으며 말하려는 의지조차 없었다. 우리는 그녀에게 유명한 프랑스 가수 샤를 트르네Charles Trenet의 노래 〈푸른 꽃Fleur bleue〉을 들려줬다. 그러자 환자의 뇌가 불현듯 언어를 회복해, 전혀 예상치 못했던 활기찬 음성으로 후렴구를 따라 불렀다. 평소 병원에서 음악을 활용하는 사람들에게는 이 사례가 그렇게 놀랍지 않을 것이다.

오늘날 신경과학의 발전으로 우리는 음악이 뇌 기능에 끼치는 중요한 영향을 어렴풋이나마 알게 됐다. 유아의 심리 정서와 인지 발달에 음악이 중요하다는 사실은 여러 차례 확인됐다. 인간의 음악적 성향은 아주 오래전에 습득된 인지 능력이어서, 특히 언어 능력처럼 진화상으로 더 최근에 습득된 자질들보다 뇌 손상에 훨씬 강할 것으로 짐작된다. 따라서 많은 정신 질환의 경우에도 이 능력이 보존될 가능성이 크고, 이런 근거에서 뇌 손상으로 인한 신경심리적 장애에 대한 재활 교육에 음악이 유용하게 쓰이고 있다. 실어증을 예로 들면, 선율을 이용한 음악 자극은 환자의 언어 능력을 회복시켜줄 수 있다. 그래서 말로 표현하지 못하는 것을 노래로는 표현할 수 있다.

이와 같은 '음악적' 치료법은 뇌 손상이 일어난 뒤 신경이 재편성될 수 있게 돕는다. 일반적으로 언어는 좌뇌가 담당한다. 하지만 실어증의 경우에는 음악을 통해 일부 언어 능력을 우뇌로 이전할 수 있다. 이 경우 음악은 환자의 기분도 행복하게 바꿔주지만 뇌도 바꾼다.

인지 능력과 운동 능력의 개선

뇌졸중으로 쓰러져 운동 장애가 생긴 경우 피아노를 배우면 정통적인 재활훈련을 받는 것보다 더 큰 효과를 볼 수 있다. 피아노 연습은 청각피질과 운동피질을 자극하는데, 이 두 피질의 결합은 손상된 운동피질이 재편되는 것을 돕는다. 인지 능력(주의력, 기억력, 언어능력)과 운동 능력이 손상된 경우, 음악 분석에 개입하는 뇌 부위들을 자극하면 이 능력들을 개선할 수 있다는 것을 시사하는 많은 연구가 있다.

언어 발달 장애(난독증, 실어증) 아동의 언어 치료 같은 인지 치료와 파킨슨 질환 같은 병에 걸린 환자들의 운동 치료에서 음악의 효과를 연구할 목적으로, 음악의 일부 특성을 따로 분리해 치료에 접목하는 연구자들도 있다. 이들의 실험 결과에 따르면, 음악(또는 리듬, 선율 등)은 적합한 의사소통 매체일 뿐만 아니라, 뇌의 가소성을 촉진시켜 병든 뇌를 치료하는 데도 도움이 된다. 뇌 가소성, 다시 말해 신경의 새로운 연결과 재편성은 건강한 음악가들에게서 확인된

음악의 전율은 뇌를 변화시킨다

음악이 불러일으키는 여러 감정은 뇌에 어떤 효과를 미칠까? 2001년 캐나다 맥길 대학교의 로베르 자토르Robert Zatorre 연구 팀은 음악적 전율(음악의 특정 구절에서 느끼는 짧고 강렬한 극도의 쾌감)의 뇌 기반을 연구했다. 이것을 위해 연구 팀은 사람들에게 다양한 선율을 들려주면서 이들의 뇌 활동을 양전자방출 단층촬영법PET으로 기록했다. 음악의 전율은 소름 같은 관찰 가능한 신체적 변화들을 동반할 때가 많은데, 이것은 쾌감을 느끼게 하는 신경전달물질인 엔도르핀이 분비되기 때문으로 추측된다. 신경단층촬영 연구는 음악의 전율이 피질과 피질하의 특정 영역, 특히 배측 선상체와 그 밖의 내측 측두엽과 전두엽의 영역들에 변화를 유발한다는 사실을 밝혀냈다. 이 부위들은 모두 뇌의 보상회로에 해당한다.

뇌 전체가 관여한다

2011년에 이 연구자들은 뇌 보상회로에 도파민이 분비돼도 마찬가지로 음악의 전율이 유발된다는 사실을 밝혀냈다. 따라서 감성적이고 추상적인 아름다운 음악이 불러일으키는 특별한 쾌감은 도파민 체계에 근거를 두고 있을 가능성이 높다. 이 발견은 강렬하고 초연한 쾌감인 미적 감정에는 생리적 변화가 동반된다는 가설을 구체적으로 입증한 것이다. 음악과 뇌에 대한 다른 연구들은 이 결과를 재확인하면서, 음악 청취에 관여하는 뇌 영역들의 지형을 더 세밀하게 식별해냈다. 여기에서 특히 중요한 영역은, 청각 정보를 처리하는 상위 측두엽피질과 음조 같은 음악의 추상적 지각을 담당하는 안와 전두피질이다. 한편

감정의 뇌는 우리가 음악을 들을 때 활성화되는 많은 피질, 피질하 구조들을 포함한다. 편도체, 전중앙 측두엽피질, 섬엽, 선상체, 전측 대상회피질, 안와 전두피질, 전전두엽피질이 그것이다. 따라서 음악이 특별한 까닭은, 뇌의 이곳저곳에 흩어져 있는 이 영역들을 동시에 활성화시킨다는 바로 이 사실 때문이다.

음악 청취에 관여하는 뇌 영역

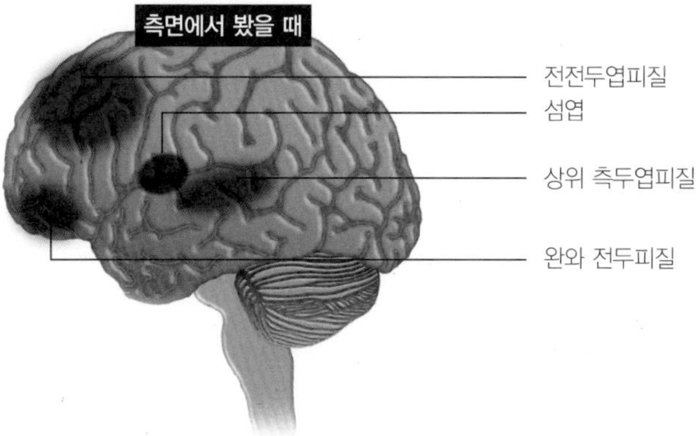

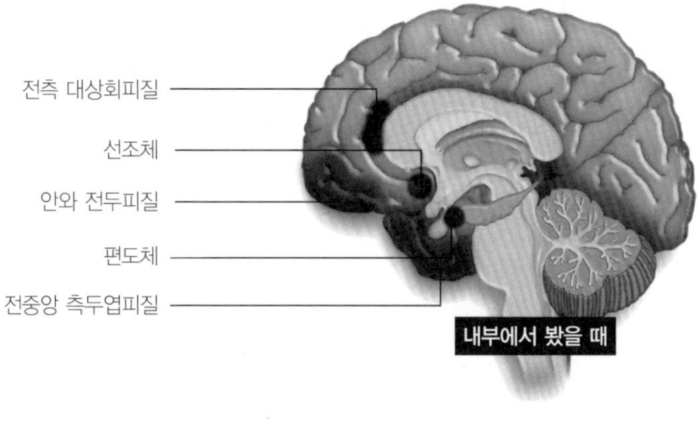

다. 최근 발견된 사실은, 뇌 손상을 입은 환자들이나 신경 퇴행성 질환과 신경 발생 과정에서 생기는 질환에 걸린 환자의 경우에도 뇌 가소성이 존재한다는 것이다.

음악의 어떤 특성들이 이런 효과를 낳는 것일까? 그 바탕에는 어떤 신경생물학적 원리들이 있을까? 이 의문을 해결하기 위해 신경과학자들은 잘 알려진 음악뿐만 아니라 연구를 위해 특별히 제작한 음악 자료들도 활용한다. 어떤 연구자들은 리듬의 구조에 초점을 맞추고 어떤 연구자들은 언어와 음악의 연합관계를 밝히는 데 집중한다. 이 분야의 연구는 아직 시작 단계지만, 뇌에서 일어나는 중요한 과정들을 좀 더 이해하게 되면(글상자 '음악의 전율은 뇌를 변화시킨다' 참고) 기존 교육 프로그램들을 개선하고 훨씬 더 적합한 프로그램들을 구상할 수 있을 것이다.

모두에게 도움이 되는 음악

뇌와 인지 기능에 미치는 음악의 영향은 환자들에게만 국한되지 않는다. 우리 모두 음악에서 도움을 받을 수 있다! 실제로 음악은 일련의 신경망을 동기화시켜 특별한 결과를 만들어낸다. 예를 들면 동시에 자극된 뇌 부위들은 그것들 간의 시냅스* 연결을 강화해, 그 결과로 신경세포 간의 관계가 더 긴밀해진다. 그래서 이 뇌 부위 간의 정보 교환이 더 빨라지고, 여기에 관여하는 신경세포들의 수도 증가한다.

전문 음악인들의 경우에는 뇌의 변화가 해부학적으로 분명하게 확인되는데, 이를테면 좌뇌와 우뇌를 연결하는(더 자세히 말해, 측두엽 피질과 전두엽피질을 연결하는) 활 모양의 신경 다발인 뇌궁이 더 두꺼워진다. 이 변화는 악기를 배우기 시작하는 순간부터 빠르게 진행되며, 나이가 들어서 악기를 배우는 성인의 경우에도 마찬가지다. 따라서 음악은 언제 시작해도 늦지 않다.

음악을 연주하는 장년은 다른 활동을 하는 장년보다 인지 기능의 노화에 더 강하다. 음악 연주는 신경 자원을 늘리고 인지 기능의 노화를 막아준다. 따라서 소리를 가지고 노는 일은 뇌에 좋고, 더 나아가 다채로운 감정과 즐거움까지 안겨준다. 나이에 개의치 말고 마음껏 음악을 즐기길!

---

* 신경섬유 말단이 다른 신경세포 또는 다른 세포와 접합하는 부위 — 옮긴이.

14 언어의 힘

크리스토프 앙드레

고통을 글로 적고 감정을 말로 표현하며 위로가 되는 글이나 시를 읽으면 기분이 좋아진다.

프랑스의 시인 크리스티앙 보뱅Christian Bobin은 수필집 『인간, 즐거움L'Homme-joie』에서 책과 독서의 혜택과 역할에 대해 길고 아름답게 이야기한다. 그것은 곧 '우리의 황량한 뇌의 궁전에 불을 밝히는' 것이라고. 다른 시인과 예술가들처럼 보뱅도 우리에게 단순하고 기본적인 원칙들을 알려주는데, 그중 하나는 글이 우리의 인격과 뇌에 강력한 영향을 끼친다는 것이다. 그러나 우리는 이 사실을 망각한 채 글을 충분히 활용하지 못하고 있다.

말이나 글을 듣거나 읽으면 우리 뇌에 각인되고, 다양한 표현과 심상을 불러일으키며, 종종 오래 흔적을 남긴다. 이것들은 우리에게 상처를 줄 수도 있지만 우리를 도울 수도 있다. 말이나 글이 이 모든 것을 할 수 있는 이유는, 이것들이 정보뿐만 아니라 감정을 전달하기 때문이다. 소위 '감정의 사회적 공유'가 주는 혜택은 심리학에서 잘 알려져 있으며, 최근 들어 의문이 제기되고 있는 감정 비우기(고통에서 해방되기 위한 감정 공유)의 전형적인 효과보다도 뛰어나다. 감정의 공유가 주는 본질적인 혜택은 느낌의 명료화와 사회적 유대 강화다. 자신을 잘 이해하고 다른 사람들과 탄탄한 관계를 맺는 것은 인간의 행복에 매우 중요하다.

우리를 치료해주는 말

고인故人의 가족과 지인들에게 바치는 위로 문학은 오래전부터 이 기능을 수행했다. 이 문학 장르는 애도와 애정을 전달하는 수단이자, 유한한 인간으로서의 우리 자신을 성찰하는 수단이 되어왔다. 위로 문학 가운데 로마 철학자 루키우스 안나이우스 세네카Lucius Annaeus Seneca의 『어머니 헬리아에게 보내는 위로』와 프랑스 시인 프랑수아 드 말레르브François de Malherbe의 『뒤 페리에에게 보내는 위로』('뒤 페리에, 네 고통은 영원할까?')는 수 세기 동안 변함없이 읽히고 있는 유명한 작품이다. 19세기 말에는 요제프 브로이어Joseph Breuer와 지그문트 프로이트Sigmund Freud가 '말하는 치료'(또는 말을 이용한 치료법. 정신분석의 초기 개념)라는 개념을 창안했다. 이것은 그 당시로선 아주 새로운 개념이었는데, 표현하고 듣고 명료화된 말의 힘만으로 병을 치료한다는 생각이었다. 오늘날에는 말이 뇌 기능, 그중에서도 특히 뇌의 감정적 기능에 끼치는 영향력에 관해 많은 연구가 이루어지고 있다.

한 예로, 얼굴 사진을 보면서 감정(두려움, 분노, 슬픔)에 이름을 붙이면 편도체와 그 이웃 영역들(감정적 뇌)의 반응이 감소하고 전전두엽피질(감정 통제 중추)의 활성화가 증진된다. 거미공포증 환자의 경우, 큰 거미가 들어 있는 유리병에 가까이 다가가면서 자신의 감정적 느낌을 말로 표현하면 신체적 스트레스 반응(피부의 전기 전도율)이 감소하고 (다른 생각을 하면서 병에 다가간 거미공포증 환자에 비해) 병에 더 가까이 다가갈 수 있다. 이처럼 두려움을 말로 표현하면 이것을 더 잘 이겨낼 수 있다.

글쓰기도 마찬가지로 치료 효과가 있다. 미국의 언어분석 심리학자인 제임스 페니베이커James Pennebaker의 선구적 연구 이후 일기쓰기의 혜택에 관해 많은 연구가 이뤄졌는데, 살면서 겪은 고통스러운 경험을 글로 적으면 상처를 치유하는 데 도움이 되고 건강을 개선하는 것으로 밝혀졌다.

페니베이커의 초기 연구 가운데 하나는 아주 간단한 방법으로 이뤄졌다. 특별한 심리적 장애가 없는 실험 자원자들에게 인생에서 정신적으로 가장 힘들었던 경험들을 4일간 매일 15분씩 한 번에 쭉

이어서(다루는 주제가 피상적이지 않고 진정성을 갖기 위해) 쓰게 한 것이다. 참여자를 두 집단으로 나누어 한 집단은 마음 깊숙이 침잠해서 글을 쓰도록 하고, 다른 집단은 문제를 상대화하면서 냉정을 유지하게 했다.

기분을 개선하는 글쓰기

실험이 끝난 뒤 '침잠' 집단은 다른 집단에 비해, 단기적으로는(실험 이후 15일 동안) 감정적 행복감을 더 분명하게 느꼈고 장기적으로는 객관적으로 더 건강했다(그 뒤 1년간 병원을 방문한 횟수가 더 적었다). 이 연구에 따르면, 글쓰기의 치료적 원리 가운데 하나는 고통스러운 경험의 재구성으로 보인다. 재구성되지 않은 경험은 종종 마음을 혼란하게 만든다.

고통스러운 느낌들을 일관된 이야기로 써보는 것은 유익하다. 그런데 편지가 점점 사라지고 전화·이메일·SMS 이용이 늘면서 우리의 표현 습관이 바뀌고 있다. 즉각적이고 빠른 교류가 성찰을 대체한 것이다. 우리 내부의 사회적 동물에게는 이것이 도움이 될지 모른다. 그러나 정신적 동물의 감정 지능에는 틀림없이 도움이 되지 않을 것이다.

글쓰기가 사람을 치유한다면, 읽기는? 마찬가지다! 특정한 문제

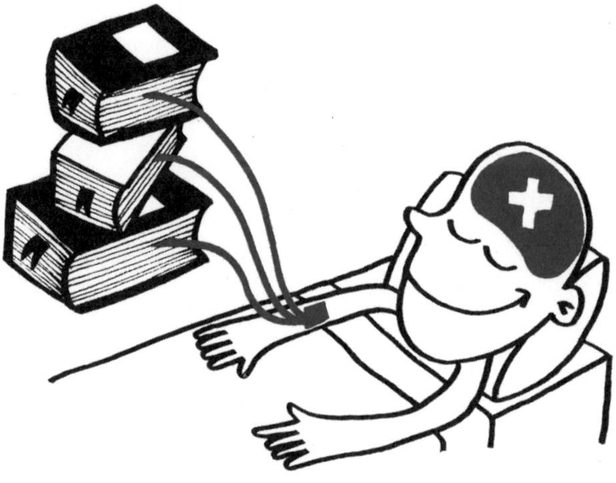

를 겨냥해서 심리학적으로 조언을 건네는 책들(소위 자기계발서)은 대부분의 심리 질환에 상당히 도움이 된다는 사실이 많은 연구로 입증됐다. 소설이 공감 능력과 사회적 유대 능력을 향상시킨다는 것을 입증한 연구들도 있다. 소설은 주인공과의 동일시를 통해 세상과 다른 사람들을 바라보는 그들의 관점을 이해하게 만듦으로써 우리의 인생 경험을 풍요롭게 해줄 수 있다.

말과 글의 힘은 절대 사소하지도 무의미하지도 않다. 그러나 여전히 밝혀내야 할 것이 많다. 말과 글의 효과는 이것들 자체에서도 기인하지만 이것들을 주고받는 사람들 사이의 관계에서도 기인하기 때문이다. 또 유형에 따라서도 효과가 달라진다. 이를테면 우리에게 영감을 주고 우리를 안심시켜주는 시의 힘은 내용(글의 의미)에서도 오지만 형식(낱말의 선택과 조합)에서도 온다.

시인들은 치료사가 아니다. 하지만 그들의 시는 사람을 치료할 수 있다. 프랑스 작가 폴 발레리Paul Valéry는 '정신 속에서 어렴풋이 느낀 것을 언어로 확실하게 붙잡아낼 수 있는 시인들의 위대함'에 주목했다. 그렇기에 말과 글은 우리가 상상하는 것 이상으로 우리에게 더없는 명료함과 평화를 선사할 수 있다.

참고문헌

서문 신경이 끝나는 곳에

M. LE VAN QUYEN, *Les Pouvoirs de l'esprit*, Paris, Flammarion, 2015.

F. VARELA, E. THOMPSON, E. ROSCH, *L'Inscription corporelle de l'esprit*, Paris, Seuil, 1999.

R. W. SPERRY, ≪A modified concept of consciousness≫, *Psychological Review*, vol. 76, pp. 532–536, 1969.

01 감정의 영향을 받는 건강

W. DOYLE et al., ≪Emotional style, nasal cytokines, and illness expression after experimental rhinovirus exposure≫, *Brain, Behavior and Immunity*, vol. 20, pp. 175–181, 2006.

B. FREDRICKSON et al., ≪A functional genomic perspective on human well-being≫, *PNAS USA*, vol. 110, pp. 13 684–13 689, 2013.

A. MARSLAND et al., ≪Positive affect and immune function≫, *Psychoneuroimmunology*, vol. 2, pp. 761–779, Elsevier, 2007.

N. RAPOPORT-HUBSCHMAN, *Apprivoiser l'esprit, guérir le corps: Stress, émotions, santé*, Paris, Odile Jacob, 2012.

02 플라세보 효과: 문제는 믿음!

R. de la FUENTE-FERNANDEZ et al., ≪Expectation and dopamine release : mechanism of the placebo effect in Parkinson's disease≫, *Science*, vol. 293, p. 1164, 2001.

A. HROBJARTSSON & P. GOTZSCHE, ≪Is the placebo powerless?≫, *New Eng. J. Med.*, vol. 344, p. 1594, 2001.

P. LEMOINE, *Le Mystère du placebo*, Paris, Odile Jacob, 2011.

03 의료계의 새로운 치료법

I. CÉLESTIN-LHOPITEAU, *Soigner par les pratiques psychocorporelles*, Paris, Dunod, 2015.

___, *Changer par la thérapie*, Paris, Dunod, 2011.

P. EKMAN et al., ≪Buddhist and psychological perspectives on emotions and wellbeing ≫, *Current Directions in Psychological Science*, vol. 14, pp. 59–63, 2005.

E. MORIN, *Introduction à la pensée complexe*, Paris, Seuil, 2005.

J.-J. WU et al., ≪Modulatory effects of aromatherapy massage intervention on electroencephalogram, psychological assessments, salivary cortisol and plasma brain-derived neurotrophic factor≫, *Complement Ther. Med.*, vol. 22, pp. 456–462, 2014.

웹사이트:

- 프랑스정신신체요법연구소: www.ifppc.eu
- 이곳저곳치료연합회: www.Sharingtherapists.org
- 세계보건기구 2002년-2005년 전통 의학 발전 전략: http://apps.who.int/medicinedocs/fr
- 파리공립병원의 보완 의학 보고서: http://pitiesalpetriere.aphp.fr/wp-content/blogs.dir/134/files/2014/04/Rapport-Méd-Compl-à-IAP-HP.pdf

04 몸과 정신의 치료: 의학의 미래

Ch. ANDRÉ, *Et n'oublie pas d'être heureux. Abécédaire de psychologie positive*, Paris, Odile Jacob, 2014.

K. DAVIDSON et al., ≪Don't worry, be happy : positive affect and reduced 10-year incident coronary heart disease≫, *European Heart Journal*, vol. 31, pp. 1065–1070, 2010.

S. HARVEY et al., ≪Physical activity and common mental disorders≫, *The British Journal of Psychiatry*, vol. 197, pp. 357–364, 2010.

J. STELLAR et al., ≪Positive affect and markers of inflammation: discrete positive emotions predict lower levels of inflammatory cytokines≫, *Emotion*, vol. 15, pp. 129–133, 2015.

05 뉴로피드백, 생각으로 뇌 길들이기

M. ARNS et al., ≪Efficacy of neurofeedback treatment in ADHD: the effects on inattention, impulsivity and hyperactivity: a metaanalysis ≫, *Clinical EEG Neuroscience*, vol. 40, pp. 180–189, 2009.

A. CARIA et al., ≪Volitional control of anterior insula activity modulates the response to aversive stimuli. A real-time functional magnetic resonance imaging study≫, *Biol. Psychiatry*, vol. 68, pp. 425–432, 2010.

M. LE VAN QUYEN, *Les Pouvoirs de l'esprit*, Paris, Flammarion, 2015.

U. Strehl et al., ≪Sustained reduction of seizures in patients with intractable epilepsy after self-regulation training of slow cortical potentials-10 years after≫, *Frontiers in human neuroscience*, doi: 10.3389/fnhum. 2014.00604, 2014.

웹사이트: 뉴트로피드백통증치료협회: www.omneuron.com

06 최면 요법의 무한한 가능성

M.-E. FAYMONVILLE et A. VANHAUDENHUYSE, ≪Apprivoiser la douleur avec l'hypnose≫, *L'Essentiel Cerveau & Psycho*, n° 17, pp. 81–85, 2014년 2~4월.

D. KOHEN, ≪Long-term follow-up of selfhypnosis training for recurrent headaches: What the children say≫, *Int. J. Clin. Exp. Hypnosis*, vol. 58, pp. 417–432, 2010.

G. MOSER et al., ≪Long-term success of gut-directed group hypnosis for patients with refractory irritable bowel syndrome: a randomized control trial≫, *Am. J. Gastroenterol.*, vol. 108, pp. 602–609, 2013.

07 안구운동으로 정신적 외상을 극복하다

A. DAMASIO, *Spinoza avait raison*, Paris, Odile Jacob, 2003.

S. KHAFA et al., ≪Mécanismes cérébraux impliqués dans l'état de stress post-traumatique (ESPT) et son traitement par EMDR≫, *L'Encéphale*, vol. 38(4), 2012.

M. PAGANI et al., ≪Neurobiological correlates of EMDR monitoring - an EEG study≫, *PLoS One*, doi: 10.1371/journal. pone.0045753, 2012.

F. SHAPIRO, *Dépasser le passé. Se libérer des souvenirs traumatisants avec l'EMDR*, Paris, Seuil, 2014.

___ ≪Efficacy of the eye movement desensitization procedure in the treatment of traumatic memories≫, *Journal of Traumatic Stress*, vol. 2, pp. 199–223, 1989.

08 놀이를 통한 조현병 극복

N. Franck, *La Schizophrénie*, Paris, Odile Jacob, Paris, 2006.

___ *Entraînez et préservez votre cerveau*, Paris, Odile Jacob, 2013.

___ *Remédiation cognitive*, 2e éd., Paris, Elsevier-Masson, 2017.

웹사이트:

- 프랑스어권인지교정협회: www.remediation-cognitive.org
- 심리사회적갱생&인지교정자원센터: www.centre-ressource-rehabilitation.org

09 명상: 건강한 몸에 건강한 정신

Ch. ANDRÉ, *Je médite, jour après jour. Petit manuel pour vivre en pleine conscience*, Paris, L'Iconoclaste, 2015.

J. GRANT et al., ≪A non-elaborative mental stance and decoupling of executive and pain-related cortices predicts low pain sensitivity in Zen meditators≫, *Pain*, vol. 152, pp. 150–156, 2011.

T. JACOBS et al., ≪Intensive meditation training, immune cell telomerase activity, and psychological mediators≫, *Psychoneuroendocrinology*, vol. 36, pp. 664–681, 2011.

10 소비의 함정을 조심하자!

Ch. ANDRÉ, *Les États d'âme: un apprentissage de la sérénité*, Paris, Odile Jacob, 2009.

T. KASSER, *The High Price of Materialism*, Cambridge (MA), The MIT Press, 2002.

H. RAYNOR et al., ≪Dietary variety, energy regulation, and obesity≫, *Psychological Bulletin*, vol. 127, pp. 325–341, 2001.

B. Schwartz, *Le Paradoxe du choix*, Neuilly-sur-Seine, Michel Lafon, 2006.

11 변화, 좋지. 그런데… 언제, 어떻게, 무엇을?

J. COTTRAUX, *Thérapies cognitives et émotions. La troisième vague*, Paris, Masson, 2007.

R. ZUMBRUNNEN, *Changer dans sa tête, bouger dans sa vie*, Paris, Odile Jacob, 2009.

12 단식과 삶의 질

G. FOND et al., ≪Fasting in mood disorders : neurobiology and effectiveness. A review of the literature≫, *Psychiatry Research*, vol. 209, pp. 253–238, 2013.

C. LEE et al., ≪Fasting cycles retard growth of tumors and sensitize a range of cancer cell typesto chemotherapy≫, *Science Translational Medicine*, vol. 4, 124ra27, 2012.
Th. DE LESTRADE, *Le Jeûne: une nouvelle thérapie*, Paris, La Découverte, 2013.
V. LONGO et al., ≪Evolutionary medicine: from dwarf model systems to healthy centenarians?≫, *Science*, vol. 299, pp. 1342–1345, 2003.

13 신경을 치료해주는 음악

E. BIGAND, *Le Cerveau mélomane*, Paris, Belin, coll. ≪Cerveau & Psycho≫, 2013.
E. BIGAND et al., ≪The neurosciences and music V, Cognitive stimulation and rehabilitation≫, *Annals of the New York Academy of Sciences*, vol. 1 337, mars 2015.
Dossier ≪La musique qui soigne≫, *Cerveau & Psycho*, n° 63, 2014년 5~6월.
A. MOUSSARD et al., ≪La musique comme outil de stimulation cognitive≫, *L'Année psychologique*, vol. 112, pp. 499–542, 2012.

14 언어의 힘

L. CAMPBELL et al., ≪Integrating self-help books into psychotherapy≫, *J. of Clin. Psy.*, vol. 59, pp. 177–186, 2003.
M. LIEBERMAN et al., ≪Putting feelings into words. Affect labeling disrupts amygdala activity in response to affective stimuli≫, *Psychological Science*, vol. 18, pp. 421–428, 2007.
R. MAR et al., ≪The function of fiction is the abstraction and simulation of social experience≫, *Pers. on Psy. Sc.*, vol. 3, pp. 173–192, 2008.
B. RIMÉ, *Le Partage social des émotions*, Paris, PUF, 2005.

저자 소개

크리스토프 앙드레 | 파리 생트안 대학병원의 정신과 의사, 긍정심리학 전문가. 미셸 르 방 키앙과 함께 이 책을 기획했다.

미셸 르 방 키앙 | 파리 피티에살페트리에르 병원 산하 뇌·척수연구소의 연구원. 크리스토프 앙드레와 함께 이 책을 기획했다.

나탈리 라포포르트위브슈만 | 의사, 심리치료사, 프랑스행동의학협회 부대표.

파트리크 르무안 | 정신과 의사, 신경생물학자.

이자벨 셀레스탱로피토 | 프랑스정신신체요법연구소 소장, 이곳저곳치료연합회 대표. 크레믈랭비세트르 대학병원 산하 통증평가치료센터 심리학자·심리치료사.

질리안 코를리에바그다사리앙 | 파리 피티에살페트리에르 병원 산하 뇌·척수연구소 연구원.

장 벡시오 | 파리 11 대학교 의과대학 DIU최면의학과 과장. 폴브루스 병원 완화치료실 자문의사.

브뤼노 쉬아레 | 방사선과 의사. 파리방사선센터 책임자. 파리 11 대학교 의과대학, 리모주 의과대학, 몽펠리에 의과대학에서 최면과 신경과학을 가르친다.

에티엔 비네 | 정신과 의사. EMDR 전문가.

마르틴 이라칸 | 엑상프로방스 정신병원 임상심리상담가. EMDR 치료사.

니콜라 프랑크 | 리옹 1 대학교 교수. 르비나티에 병원 의사. 심리사회적갱생&인지교정자원센터 소장. 프랑스어권인지교정협회 대표.

로제 죙브뤼넨 | 정신과 의사. 심리치료사.

에마뉘엘 비강 | 부르고뉴프랑슈콩테 대학교 학습발달연구소 소장 겸 인지심리학 교수. 프랑스 대학연구소 위원.

바르바라 틸만 | 프랑스국립과학연구센터 연구원장. 청각·음향심리인지 다기관연합연구팀(리옹신경과학연구소, CNRS-UMR5292, INSERM U1028, 리옹 1 대학교) 총괄책임자.

새로운 뇌 사용법
나를 치유하는 뇌

초판 인쇄 | 2021년 4월 20일
초판 발행 | 2021년 4월 25일

지은이 | 크리스토프 앙드레 외
옮긴이 | 하정희
펴낸이 | 조승식
펴낸곳 | (주)도서출판 북스힐
등록 | 1998년 7월 28일 제22-457호
주소 | 01043 서울시 강북구 한천로 153길 17
전화 | 02-994-0071
팩스 | 02-994-0073
홈페이지 | www.bookshill.com
이메일 | bookshill@bookshill.com

책임편집 | 이현미
디자인 | 신성기획
마케팅 | 김동준 · 변재식 · 이상기 · 임종우 · 박정우

값 15,000원
ISBN 979-11-5971-340-8